地质文化村创建在甘肃的实践及应用示范研究

——以九居谷地质文化村为例

主　编　高亚芳

副主编　黄万堂　王　军

北京交通大学出版社

·北京·

内 容 简 介

本书从概念解读入手，详解了九居谷地质文化村依托特有丹霞、幽谷、泉水、瀑布、野草渊、乔灌滩等地质资源和文化，以及村落的乡风、乡韵、乡味，创建地质文化村的成功范例，以"具体而微者"的剖析，让读者知微见著，全景式了解地质文化村这一新生事物的实现过程。

图书在版编目（CIP）数据

地质文化村创建在甘肃的实践及应用示范研究：以九居谷地质文化村为例/高亚芳主编；黄万堂，王军副主编. —北京：北京交通大学出版社，2022.10
ISBN 978-7-5121-4750-8

Ⅰ. ① 地… Ⅱ. ① 高… ② 黄… ③ 王… Ⅲ. ① 农村－区域地质－文化研究－漳县 Ⅳ. ① P562.424

中国版本图书馆 CIP 数据核字（2022）第 107289 号

地质文化村创建在甘肃的实践及应用示范研究——以九居谷地质文化村为例
DIZHI WENHUACUN CHUANGJIAN ZAI GANSU DE SHIJIAN JI YINGYONG SHIFAN YANJIU
——YI JIUJUGU DIZHI WENHUACUN WEI LI

责任编辑：黎 丹
出版发行：北京交通大学出版社 电话：010-51686414 http://www.bjtup.com.cn
地 址：北京市海淀区高梁桥斜街 44 号 邮编：100044
印 刷 者：北京虎彩文化传播有限公司
经 销：全国新华书店
开 本：170 mm×240 mm 印张：11.25 字数：216 千字
版 印 次：2022 年 10 月第 1 版 2022 年 10 月第 1 次印刷
定 价：59.00 元

本书如有质量问题，请向北京交通大学出版社质监组反映。
投诉电话：010-51686043，51686008；传真：010-62225406；E-mail：press@bjtu.edu.cn.

序

　　地质文化村是"地质+文化+村"的概念，是在深度挖掘乡村地质环境资源的基础上，融合乡村各种资源，建设具备休闲旅游、养生度假、地学科普、环境与生态保护和文化传承等功能的特色乡村，是空间开放、产业振兴、生态宜居、乡风文明、百姓富裕的美丽乡村。建设地质文化村是贯彻落实习近平生态文明思想的具体实践和探索，是落实乡村振兴和脱贫攻坚目标、建设美丽乡村、促进乡村经济高质量发展的需要，是推进地质调查转型升级的重要举措，是普及地球科学知识、提高全民文化素质的重要途径。

　　九居谷地质文化村是为巩固脱贫攻坚成果、助力乡村振兴而成功创建的地质文化村。该村位于甘肃省定西市漳县，处在遮阳山与贵清山两大AAAA级风景区旅游路线的中心，是一处集丹霞地貌、峡谷地貌、水体景观、自然生态、人文景观等于一体的、具有较高美学价值和科研价值的地质遗迹景观区。

　　九居谷地质文化村由甘肃博琳国际文化发展有限公司与漳县人民政府联合开发，由甘肃博琳国际文化发展有限公司独家建设。甘肃博琳国际文化发展有限公司以甘肃省地质学会为指导单位，以兰州文理学院旅游学院为规划设计单位，按照"地质为基、文化为魂、融合为要、惠民为本"的基本定位，将乡村改造、农业提升、自然资源利用、地质文化凸显、农耕与民俗文化应用、生态环境保护与开发相融合，将地球故事与村镇历史、农业地质与农耕文化、环境地质与村民生活相融合，将九居谷地质文化村建设为"村新、景美、业盛、人和"的、宜居宜业宜游的社会主义新农村。

　　甘肃省地质学会和兰州文理学院旅游学院为了总结经验，以资借鉴，联合编写了《地质文化村创建在甘肃的实践及应用示范研究——以九居谷地质文化村为例》一书。该书共分七章，其中：第一章概述了地质文化村（镇）的基本概念、基本定位、建设模式及建设流程；第二章至第六章按照地质文化村的建

I

设流程，详细介绍了各环节的具体内容与具体要求；第七章对地质文化村在创建过程中存在的问题进行了总结，对后续开发给出了具体的建议。本书对我国地质文化村建设具有较好的参考价值。

中国地质学会副理事长兼常务副秘书长

2022 年 5 月

前　言

　　建设地质文化村（镇）是贯彻落实习近平生态文明建设思想的具体实践和探索，是落实乡村振兴和脱贫攻坚目标、建设美丽乡村、促进经济高质量发展的需要，同时也是普及地球科学知识、提高全民文化素质的重要途径。乡村振兴是治国安邦之本，是高度重视"三农"问题工作的重中之重，也是习近平总书记在十九大报告中提出的重大战略之一。绿水青山就是金山银山的理念为我们指明了新时代生态文明的建设方向。随着社会的发展，人们生活水平的不断提高，城市生活节奏也越来越快，有越来越多的都市人开始追求田园生活，乡村旅游逐渐成为新的发展趋势。

　　甘肃省九居谷地质文化村就是在这样的时代背景之下，被自然资源部中国地质调查局、中国地质学会命名的全国首批、甘肃省首家地质文化村。九居谷地质文化村是在甘肃省地质学会的积极推动下，由兰州文理学院旅游学院进行智力策划，由甘肃博琳国际文化发展有限公司和漳县人民政府联合开发，由甘肃博琳国际文化发展有限公司全力承建的地质文化村。

　　九居谷地质文化村位于甘肃省中南部漳县县城以西约 3 km，经连霍高速（G30）、兰海高速（G75）、国道 315、国道 212、省道 S209 可达漳县县城。漳县距定西市约 110 km，距兰州市约 200 km，距天水市约 180 km。整个景区处在遮阳山与贵清山两大 AAAA 级风景区旅游路线的中心，区位交通优势明显，旅游潜力巨大。这里色若渥丹、灿若明霞，以独特的丹霞地貌闻名于世，也是一处集丹霞地貌、峡谷地貌、水体景观、自然生态、人文景观等于一体的具有较高美学价值和科学价值的地质遗迹景观区。

　　九居谷地质文化村所在的漳县属亚热带温凉半湿润气候，森林覆盖率达20.92%，居定西市七县区之首，生态环境优良，植物以树木、野生药材为主。良好的生态环境为野生动物的栖息提供了理想的场所，该地区拥有细鳞鲑、水獭、麝、羚、鹿、獐、娃娃鱼等 30 余种珍惜保护动物。

　　漳县历史悠久，文化资源丰富。有三千年历史的漳盐文化，有马家窑文化和齐家文化共存的晋家坪遗址，有被誉为"海内之最"的汪氏元墓群，有红军三大主力胜利会师的红色文化遗址等众多文化资源。

　　为了科学、规范、有序地推进地质文化村（镇）的建设管理，明确相关技术方法和建设标准，在充分总结"漳县九居谷地质文化村"建设实践经验的基础上，我们组织编写了本书。本书的编写思路主要是结合九居谷地质文化村的申报创建和建设实践，解读《地质文化村（镇）建设工作指南（试行）》，同时对九居谷地质文化村在创建和建设中的经验和不足进行了解析，旨在为其他地质文化村（镇）申报和建设提供参考和借鉴。

本书共分七章，第一章概述了地质文化村（镇）的基本概念、基本定位、建设模式及建设流程；第二章至第六章按照地质文化村的建设流程，详细介绍了各环节的具体内容与具体要求；第七章对地质文化村在创建过程中存在的问题和后续开发建设进行了梳理和展望。

本书在编写过程中得到了甘肃省自然资源厅、甘肃省文旅厅、甘肃省地质学会、甘肃地质博物馆、甘肃省地矿局第三地质矿产勘查院、兰州文理学院旅游学院、漳县人民政府、甘肃博琳国际文化发展有限公司等单位的大力支持和帮助，得到了甘肃地质博物馆高级工程师仲新等人的大力支持和帮助，在此一并致谢！

由于地质文化村（镇）建设尚处于探索起步阶段，且编者水平有限，书中难免存在疏误之处，恳请专家、学者及读者批评指正。

编　者
2022 年 5 月

目　录

第一章

基本概念及建设缘起

第一节　地质文化村（镇）基本概念

一、"地质"的基本概念

"地质"泛指地球的性质和特征，包括地球的物质组成、结构、构造、形成演化历史等，具体类型例如地球的物质组成、圈层分异、物理化学性质、岩石组成性质、矿物成分、岩层和岩体的产出状态、接触关系，地球的构造发育演化史、生物进化史、地貌演化发育史、气候变迁史，等等[1]。综合而言，地质的范畴是表示地球质地状况的一个综合性概念。在我国，"地质"一词最早见于三国时魏国王弼（226—249）的《周易注·坤》，但当时属于哲学概念。1853年（清咸丰三年）出版的《地理全书》中的"地质"一词是我国所能见到的最早具有科学意义的概念。

"地质学"作为一门学科，成熟时间较晚，而且是在不同学派、不同观点的争论中不断形成并发展壮大的，其过程大致经历了萌芽时期、奠基时期、形成时期、发展时期和现代地质学发展时期五个重要阶段[2]。

（一）萌芽时期（1450 年之前）

人类对岩石、矿物性质的认识可以追溯到远古时期。在中国，铜矿的开采

---

① 夏邦栋. 普通地质学. 2 版. 北京：地质出版社，1995.
② 小林英夫. 地质学发展史. 北京：地质出版社，1983.

在两千多年前已达到可观的规模；春秋战国时期成书的《山海经》《禹贡》《管子》中的某些篇章和古希腊泰奥弗拉斯托斯的《石头论》都是人类对岩矿知识的最早总结。人类在开矿及与地震、火山、洪水等自然灾害的斗争过程中，逐渐认识到地质作用并进行思辨和猜测性的解释。中国古代的《诗经》中就记载了"高岸为谷、深谷为陵"的关于地壳变动的认识。古希腊的亚里士多德提出，海陆变迁是按一定的规律在一定的时期发生的。大约中世纪时期，中国的沈括对海陆变迁、古气候变化、化石的性质等都做出了较为正确的解释，朱熹也比较科学地揭示了化石的成因。以上这些活动其实都是对地质的较为早期的考察和思考。

（二）奠基时期（1450—1750 年）

在欧洲，以文艺复兴为转机，人们对地球历史开始有了科学的解释。意大利的达·芬奇，丹麦的斯泰诺，英国的伍德沃德、胡克等，都对化石的成因做了论证。胡克还提出用化石来记述地球历史；斯泰诺提出地层层序律；在岩石学、矿物学方面，中国的李时珍在《本草纲目》中记载了 200 多种矿物、岩石和化石；德国的阿格里科拉对矿物、矿脉生成过程和水在成矿过程中的作用的研究，开创了矿物学、矿床学的先河。

（三）形成时期（1750—1840 年）

在英国工业革命、法国大革命和启蒙思想的推动和影响下，科学考察和探险旅行在欧洲兴起。旅行和探险使得地壳成为直接研究的对象，使得人们对地球的研究从思辨性猜测，转变为以野外观察为主。同时，不同观点、不同学派的争论十分活跃，关于地层及岩石成因的水成论和火成论的争论在 18 世纪末变得尖锐起来。德国的维尔纳是水成论的代表，他提出花岗岩和玄武岩都是沉积而成的，并对岩层做了系统的划分。英国的赫顿提出要用自然过程来揭示地球的历史，以及地质过程"既看不到开始的痕迹，也没有结束的前景"的均变论思想。水火之争促进了地质学从宇宙起源论、自然历史和古老矿物学中分离出来，并逐渐形成了一门独立的学科。在中国，出现在 17 世纪的《徐霞客游记》也是对自然考察所获得的超越时代的成果。至 1840 年，地层划分的原则和方法已经确立，地质时代和地层系统基本建立起来。

19 世纪上半叶，有关灾变论和均变论的争论，对地质学思想方法产生了历史性的影响。居维叶是灾变论的主要代表，他提出了地球历史上发生过多次灾

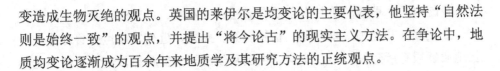

变造成生物灭绝的观点。英国的莱伊尔是均变论的主要代表，他坚持"自然法则是始终一致"的观点，并提出"将今论古"的现实主义方法。在争论中，地质均变论逐渐成为百余年来地质学及其研究方法的正统观点。

（四）发展时期（1840—1910 年）

随着工业化的发展，各工业国家都开展了区域地质调查工作，使地质学从区域地质向全球构造发展，并推动了地质学各分支学科的迅速建立和发展。其中重要的有瑞士阿加西等人对冰川学的研究，以及英国艾里、普拉特提出的地壳均衡理论；有关山脉形成的地槽学说，经过美国的霍尔和丹纳的努力最终确立起来；法国的贝特朗提出造山旋回概念；奥格对地槽类型的划分使造山理论更加完善；奥地利的休斯和俄国的卡尔宾斯基则对地台做了系统的研究；休斯的《地球的面貌》是 19 世纪地质学研究的总结，同时休斯用综合分析的方法，从全球的角度研究地壳运动在时间和空间上的关系，预示了 20 世纪地质学研究新时期的到来。

（五）现代地质学发展时期（1910 年至今）

进入 20 世纪以来，社会和工业的发展，使得石油地质学、水文地质学和工程地质学陆续形成独立的分支学科。在地质学各基础学科稳步发展的同时，由于各分支学科的相互渗透，数学、物理、化学等基础科学与地质学的结合，新技术方法的采用，导致了一系列边缘学科的出现。地震波的研究揭示了固体地球的圈层构造以及洋壳与陆壳结构的区别；高温高压岩石实验研究，为人们认识地壳深处地质过程提供了较为可靠的依据。所有这些都促进了地质学研究从定性到定量的过渡，并向微观和宏观两个方向发展。20 世纪 50—60 年代，全球范围大规模的考察和探测，使地质学研究从浅部转向深部，从大陆转向海洋，海洋地质学有了迅速发展。同时古地磁学、地热学、重力测量都有了重大进展，为新的全球构造理论的产生提供了科学依据。在此基础上，德国的魏格纳于 1915 年提出的与传统海陆固定论相悖离的大陆漂移说得以复活。20 世纪 60 年代初，美国的赫斯、迪茨提出的海底扩展理论较好地说明了漂移的机制。加拿大的威尔逊提出转换断层，并创用"板块"一词。20 世纪 60 年代中期美国的摩根、法国的勒皮雄等提出板块构造说，用以说明全球构造运动的基本理论，它标志着新地球观的形成，使现代地质学研究进入一个新阶段。

我国地质学早期的奠基人主要有潘松、张相文、邝荣光、章鸿钊、丁文江、翁文灏、叶良辅、李四光、杨钟健等。此外，近代文学巨匠鲁迅先生也在地质领域有所建树。地质学家、中国科学院学部委员黄汲清评价鲁迅是第一位撰写、讲解中国地质文章的学者，他所编著的《中国地质略论》和《中国矿产志》是中国地质工作史中开天辟地的第一章，是中国地质学史上的开拓性创举。

随着科学技术研究和观测手段的不断进步，地质学能观察和研究的范围与领域正在日益扩大。在空间上，不但能通过直接或间接的方法逐步深入到岩石圈深部，而且对月球、太阳系部分行星及其卫星的某些地质特征，也正在逐步深入。

二、"文化"的基本概念

关于文化，最为普遍的一种定义是人类在社会历史发展过程中所创造的物质财富和精神财富的总和[①]。文化，是人类社会相对于经济、政治而言的精神活动及其产物，分为物质文化和非物质文化。教育、科学、艺术皆属广义的文化，而政治、经济与文化相互关联、相互作用。确切地说，文化是凝结在物质之中又游离于物质之外的，能够被传承和传播的国家或民族的思维方式、价值观念、生活方式、行为规范、艺术文化、科学技术等，它是人类相互之间进行交流的普遍认可的一种能够传承的意识形态，是对客观世界感性上的知识与经验的升华。

从人类的祖先类人猿开始，人类已经在这个美丽的星球上生存了几百万年，在这个漫长的过程中，人类完成了从猿到人的改变，也在征服自然、改造自然的过程中创造了独有的、伟大的人类文化。如今的文化，我们更多地将它与民族、地域、历史、政治、经济等相互关联、紧密结合，有的人把文化当作是精神世界的成果分享，有的人把文化延伸到生活的各个角落，把但凡经过人类加工制造再创作的产物都打上文化的烙印。文化充斥在我们生活的每一个细节，它也与我们的生产、生活紧密相连、密不可分。不同的时期、不同的国家、不同的民族都时刻分享着文化的成果，也都在积极不断地创造发展着新的文化。

---

①泰勒. 原始文化. 连树声，译. 上海：上海文艺出版社，1992.

三、"地质文化"的概念

"地质文化"顾名思义就是地质科学文化。狭义地理解,地质文化属于行业文化,例如陕西师范大学吴成基教授将狭义的地质文化总结为三个方面:其一为地质学调查研究所特有的思维方法或范式,例如莱伊尔的历史比较法所形成的一套学科特征明显的将今论古的研究过程和思考行为;其二为特殊的工作环境养成的艰苦朴素、应对困难、坚韧不屈的豪迈精神风貌和为人处世的风格;其三为对大自然的尊重、理解和亲近,以及那些关爱和保护地球的责任意识和以此升华的对待人生的态度。陈安泽研究员提出了地学文化(其实就是地质文化)的概念[①]:地学文化通常是指人类在认识地球、利用地球时创造的一切物质文化、行为文化和精神文化的总和。岩石、地层、古生物化石、构造形迹、冰川火山、地震滑坡、陨石冲击、地貌景观、江河湖海、泉水瀑布等地质遗迹景观,一旦被人类认识、利用,就赋予了文化的含义。例如古生物古人类文化、矿产利用文化、地貌景观文化、天然水文化、观赏石文化、地质灾害文化、地学养生文化等。

同时,吴成基教授提出的广义的地质文化的概念,即人类在长期依赖、适应和利用地质环境(地学环境)的生存中形成的对地质(地学)的认知、信仰等精神文明和从具有明显地质(地学)烙印的生产生活实践中孕育的物质文化和非物质文明的综合。前者如在与地质环境和改造中形成的尊重自然、天人合一的精神理念;后者如孕育的性格特征、民风习俗、人居特征等人类行为。吴成基认为,地质文化深刻影响着人类社会的发展和文明进程。人类作为地球生物的一分子,是地球地质历史演化特定阶段的产物。因此,人类创造的任何文明都与地质结缘,任何文化都可以追溯到与地质科学的关系,地质文化可以根植于任何人文文化中,换言之,人文社会中的地质符号无所不在。

从狭义来说,就地质学而言,其本身就是文化的一种形态,是人类认识地球并与之和谐共处、共荣、相互依存与发展的反映;从广义来说,地质文化是人类认识地球、适应地球、开发利用地球过程中所取得的精神成果和物质成果的总和。

---

① 陈安泽,许涛. 地学文化特色小镇建设的意义、理念与行动建议//陈安泽,姜建军. 旅游地学与地质公园建设:旅游地学论文集第二十四集. 北京:中国林业出版社,2018.

人类几百万年的发展历程，几乎都是在和自然博弈的过程中获得生存和生活必需品的。远古先民就是在和大自然抗争且逐渐适应自然的过程中创造了我国古代地质文化。随着人类对地球认识的逐步加强，特别是现代地球科学的不断发展进步以及对人与地球的关系认识的进一步加深，使得诸如地球观、环境观、资源观等在内的地质文化都得到了显著的发展。

地质文化的外延包括地貌景观文化、矿业文化、土地文化、海洋文化、环境文化、生态文化、珠宝文化、自然遗产文化、观赏石文化、地质科普文化等。

地质文化作为文化的一个子体系，在调节人地关系方面，能够体现出生态危机预警的生态价值。在调查评价时应该注重其美学价值、人文价值、社会价值、经济价值和旅游价值。

地质文化的美学价值主要体现在自然地貌景观与珠宝玉石文化方面。自然地貌景观，指的是地球的地表及一定尺度空间所产生的具有深度的视觉感官效果。地质景观文化，是以山水地貌为主要载体和呈现对象的一个非常庞大的文化系统，它是一个逐渐变化的动态发展过程。同时，地貌景观的美是指具有美的形态，给人以审美享受的山水景色之美。对地貌山水之美的崇拜和喜爱，人类有着跨越历史、朝代、地域、种族等的一致认同高度。地貌景观美的核心是形象美，可以归纳为"雄""奇""险""秀""幽""旷""野"等多种特征。

地质文化同时具有不可低估的人文价值。地质文化的人文价值内涵大致包括三个要素：一是物质形态的文化要素，即人类对自然环境的认识，如山岳的成因，岩石的成因、性状，气候和物产以及对人类生产、生活的影响等；二是制度形态的文化要素，例如以山岳为核心媒介的人文风俗、传统习惯、法律条文、宗教仪式等；三是精神形态的文化要素，如对自然环境的心理、心态、信念、观念和思想等，包括与之有关的哲学、伦理、道德、宗教、美学、音乐、诗歌、文化和绘画等。这三个要素体现了随着人们对自然的了解而丰富了对自然的认知，从而体现出了人类文化价值。

地质文化的社会价值主要体现在以研究和考察体验地质过程中带给人和社会的一些积极效应。其中，最为经典的就是我国的山水田园画与山水田园诗。从最早的《诗经》，到汉乐府诗集，再到后来的唐诗、宋词、元曲等，文化的教育功能早已融入我们生活的各个角落。同时，地质自然景观也促进了人类对大自然的科学认识，丰富了地质文化。

地质文化不仅具有精神层面的价值，同时它还可以转化为巨大的经济价值。它对于经济发展的贡献主要体现在地质矿业和地质旅游等诸多方面。地质文化产业的核心是本土化的地质资源或地质资源产品，而这些文化产品又是其创作者及经营者通过市场手段，向文化消费者提供的文化产品或文化服务，它包括实物形态和服务形态的文化产品。实物形态的文化产品主要指的是一些含有文化内涵、能体现艺术内容，可标价出售的宝石、书籍、矿物艺术品、观赏物等；服务形态则主要指的是这些产品主要通过服务方式面向大众，包括地质公园、地质文化类文艺演出、电影、电视、娱乐项目等。

除此之外，旅游业的发展也让地质文化呈现出其重要旅游价值。旅游实际上就是一种审美活动[①]。我国地质历史比较复杂，多次大规模的地壳运动创造了我国丰富的地质文化景观。它们的形成、发生、发展、变化有一定的规律，包含着人类了解地球的"密码"，是人类探索地球和生命的钥匙。

在地质文化里，对地学自然奇观的诠释，地层地质的记录时间要远远大于文字的记录时间。地层地质的记录单位一般最小都是百万年或上亿年的记录尺度。正是由于这种较大的时空尺度才造就出了大自然鬼斧神工的绝世佳品，再融入几千年来人类的智慧和名人雅士的气息、足迹，给我们遗留下了大量的地质文化资源。

总之，文化是人类共同生活的必然产物，地质文化作为文化的一部分，它与人类社会的进步是紧密相关的。它既是人类认识地球、适应地球、开发利用地球过程中所取得的精神成果和物质成果的总和，也是揭示和协调人与自然、人与地球和谐发展的一种文化形态。在文化大发展、大繁荣的今天，地质文化不仅与文化相互促进，也共同为繁荣我国经济社会建设做出了巨大贡献。

任何一种文化都蕴含着文化自身的内核，也正是这个内核构架着文化的内在结构，引领着文化的发展方向。地质文化的核心就是：服务国家重大战略，保障国家能源资源安全，维护国家生态安全，支撑国家生态资源建设和生态文明建设，在此基础上，服务于国家的经济建设。

九居谷地质文化村创建也是紧紧围绕"九居丹霞"这一地质文化进行打造的。例如对九居谷内形态各异的丹霞地貌进行写意命名和故事性解读，各种科普解说和研学课程也都紧紧围绕地质知识和内容进行展开。同时需要明确，地质文化村主打的是地质，弘扬的是文化。地质文化村是在对地质遗迹景观美的

---

① 谢彦君. 基础旅游学. 4版. 北京：商务印书馆，2015.

弘扬中，在对地质资源的解读中融入文化的内涵，使游人在地质美学体验中获得地学科学知识。因此在地质文化村建设策划时，对地质遗迹内在的科学专业知识的要求要适当放低一些，不必细究那些深奥的地质科学问题，不要把主要精力放在地质遗迹特征、成因的科研上面，而应把目光聚焦到地质与人文的融合上，如究竟当地的地质遗迹与人居环境有什么关系、在这些人文的社会环境里面有哪些地质的符号等。

四、"地质文化村（镇）"的概念

地质文化村（镇）是指依托地质资源禀赋，通过深度挖掘地质科学和文化，将其与乡村、乡镇的建设相融合，发展特色产业和经济，从而达到提升乡村、乡镇生活的品质和文化内涵，并形成宜居宜业的特色村，其形式可以是一个村、镇或者岛，相对应的名称即为地质文化村、地质文化镇或者地质文化岛。地质文化村（镇）这一创意产品实现了科考、旅游、社区、文化、教育等多种功能的有效整合。

第二节　地质文化村（镇）建设缘起

地质文化村（镇）在我国是一个全新的地质文化创意产品。全国首个自然命名的地质文化村当属浙江嵊州通源乡的白雁坑地质文化村（见图 1-1）。

浙江白雁坑地质文化村地处嵊州市西南西白山区，会稽山脉南部，全乡面积 44.18 km^2，盛产香榧、茶叶和毛竹。由于该地广泛发育白垩纪典型的火山岩地层和地貌，加之该地大面积种植香榧树，火山岩石块和古香榧树形成"石中有榧，榧中有村"的独特景致，成就了该地"巨石榧林"相映成趣、别具一格的地质文化景观。

早在 2013 年，依托全国第一批"全国重要地质遗迹调查项目"，浙江省查明了白雁坑的地质遗迹点非常特殊，是少见的典型崩塌地貌。在此基础上，浙江省在 2014 年首次提出了建设"地质文化村"的设想，并初步计划在嵊州市通源乡白雁坑村进行试点，设立了"通源乡地质环境保护工程项目"，由浙江省地质一大队负责调查，浙江大学负责规划设计，通源乡人民政府负责建设。至

图 1-1　全国首个地质文化村——浙江省白雁坑地质文化村

2016 年底，原浙江省国土资源厅在验收浙江嵊州通源乡的地质环境保护项目时，认为地质文化村的建设是浙江省地质遗迹保护和地质公园网络体系的重要组成部分，是地质文化与美丽乡村建设相结合的有益尝试，并且可以创新地质遗迹的保护方式和利用地质遗迹资源实现富民兴村的目的，同时还能实现地质环境保护项目的共建共享，正式提议创建白雁坑地质文化村。

经过充分细致的调查研究，在基础地质、地形地貌、水文地质、农业地质、地质遗迹资源、人文历史、民俗民风等各个方面进行深度挖掘和巧妙组合，专家们通过反复讨论，提出了"不期而遇的地质生态游"的规划理念，实现地质文化与乡村文化、地质故事与村庄故事、农业地质与农耕文化、环境地质与村民生活的相互融合，形成了"嵊州市通源乡地质文化村建设方案"，并在中国地质调查局和浙江省自然资源厅与地质专家的指导下开启了全国首个地质文化村的建设之路。通过前期建设，2018 年 11 月，自然资源部中国地质调查局、浙江省自然资源厅联合命名白雁坑为"地质文化村"。全国首个地质文化村至此诞生，并成功开启了地质工作助推乡村振兴的新路径，打通了"绿水青山"向"金山银山"转换的新通道。

随后，中国地质调查局提出了"以地质遗迹调查成果为基础，推进地质文化村创建是新时代地质工作支撑服务国家乡村振兴战略实施的重要探索，意义重大"的论断，并设立了全国地质遗迹调查试点项目，以此推动全国地质文化村创建。由中国地质环境监测院牵头实施的全国地质遗迹调查项目的实施，大大推动了全国地质文化村的创建工作，并在全国部署了 3 个地质文化村建设示范村。2019 年，在全国地质遗迹调查工作的基础上，中国地质调查局发布了《推进地质文化村（镇）建设总体工作方案（2019—2021 年）》。通过不断的实践与探索，2020 年，中国地质调查局联合中国地质学会发布了《地质文化村（镇）建设工作指南（试行）》，并最终在 2021 年公布了全国 26 个首批地质文化村（镇）名单。图 1-2 是由中国地质学会颁发的地质文化村标牌。

图 1-2　由中国地质学会颁发的地质文化村标牌

第三节　地质文化村（镇）创建服务乡村振兴战略

乡村振兴战略是习近平总书记 2017 年 10 月 18 日在党的十九大报告中提出的战略。十九大报告指出，农业农村农民问题是关系国计民生的根本性问题，必须始终把解决好"三农"问题作为全党工作的重中之重，实施乡村振兴战略。实施乡村振兴战略是建设现代化经济体系的重要基础，是建设美丽中国的关键举措，是传承中华优秀传统文化的有效途径，是健全现代社会治理格局的固本之策，是实现全体人民共同富裕的必然选择。其中，七条重要振兴之路包括：重塑城乡关系，走城乡融合发展之路；巩固和完善农村基本经营制度，走共同富裕之路；深化农业供给侧结构性改革，走质量兴农之路；坚持人与自然和谐共生，走乡村绿色发展之路；传承发展，提升农耕文明，走乡村文化兴盛之路；创新乡村治理体系，走乡村善治之路；打好精准脱贫攻坚战，走中国特色减贫之路。

中央农村工作会议明确了实施乡村振兴战略的目标任务大致分"三步走"：

第一步到 2020 年，乡村振兴取得重要进展，制度框架和政策体系基本形成；第二步到 2035 年，乡村振兴取得决定性进展，农业农村现代化基本实现；第三步到 2050 年，乡村全面振兴，农业强、农村美、农民富全面实现。

乡村振兴是关乎我国实现"两个一百年"伟大奋斗目标的重要内容，也是我国全面建设小康社会的重大战略。乡村振兴，是为了促进乡村经济建设，实现对乡村经济发展不平衡等相关问题的应对措施。通过乡村振兴措施，实现我国"两个一百年"的宏伟战略目标，提升乡村人民的幸福感，提高人民的生活水平，实现对我国经济建设的全方位发展。

地质旅游作为地质学与旅游业融合发展的产物，对乡村发展具有多方面的积极影响[①]。地质旅游主要是依托地质遗迹景观、地貌景观、自然地理景观与人文地理景观，并以其中所承载的科学及历史文化信息为内涵，采用"寓教于游、寓教于乐"的方式使公众在走向自然时认识自然和享受自然，达到人与自然和谐相处的状态。同时，地质旅游还可以促进大众提高热爱自然、保护自然、保护地质遗迹的意识和科学素质。

地质旅游对于落实乡村振兴战略的积极意义主要表现在推动生态宜居的美丽乡村建设，传承和保护乡村本土的特色地质资源和文化资源，有益于新农村的产业结构调整和发展。宜居的生态环境和独具风格的地质景观特色是地质旅游快速兴起的重要原因，这些资源不仅能满足在城市生活的人们休憩身心的需要，还能带动乡村基础设施建设。通过乡村旅游业的不断发展，使农村居民不断认识到生态环境保护、地质遗迹保护对其生活和经济收入有着积极的影响，从而达到引导他们主动保护乡村生态和地质环境的目的。

目前，由于城市化进程的加速，再加上现代技术革命冲击，乡村本土的传统文化受到了严重的冲击，很多极具特色的传统文化和民俗技艺面临消失的危险。而地质旅游恰恰有效改善了这一状况，乡村本土文化的振兴是乡村振兴的重要组成部分，地质旅游正是发掘特色乡村本土地质文化的重要途径。地质旅游的发展为保护和传承乡村地质文化注入了新的活力和资本，使村民自发成为本土文化的保护者，同时也是受益者，他们开始主动保护自己的地质文化。

在我国经济高质量发展的现阶段，农村的产业结构向着更丰富多样的方向发展，而地质旅游的发展为农村提供了更多的产业形态，如地质+生态农业、地质+生态康养、地质+自然教育等多种新兴产业，这些都对乡村的产业发展带

① 黄一帆. 地质文化村旅游资源开发构想：以辉县市潭头、平甸村为例. 现代矿业, 2020（7）：20—22.

来了积极的影响。

　　另外，实施乡村振兴战略旨在挖掘乡村发展的新活力，推动农村产业发展。乡村振兴战略将为乡村地质旅游发展提供有力的保障，同时为地质旅游带来更好的发展环境。作为新兴的旅游业，地质旅游包含了吃、住、行、游、购、娱各个方面，因此涉及交通设施配置、人员配置、资金配置、基础设施配置等要素。乡村振兴战略的实施能有效满足地质旅游发展过程中的各方面需求，并找到农村发展过程中的不足之处，有针对性提出解决方法，从而促进地质旅游业更好地发展。乡村振兴战略强调绿色可持续发展，坚持绿水青山就是金山银山的理念，看重区域发展的生态和谐共生。而地质旅游的最大优势就在于其良好的生态自然资源，生态宜居的环境对游客来说更有吸引力。

　　地质文化村（镇）的建设及发展思路正是在乡村振兴战略思想的指导下，以发展乡村地质旅游为主要途径，来达到提高乡村经济和文化质量的目的。因此，地质文化村（镇）的创建是对乡村振兴战略实施的有力途径和抓手。

第四节　地质文化村（镇）定位、建设模式及流程

一、基本定位

　　"地质为基、文化为魂、融合为要、惠民为本"十六字方针是目前对地质文化村（镇）的基本定位（见图1-3），其具体含义如下。

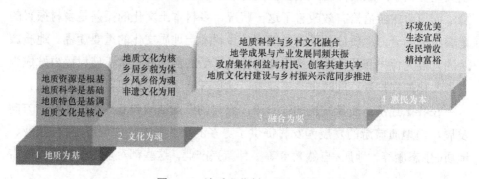

图1-3　地质文化村（镇）定位

1. 地质为基

"地质为基"就是要求地质文化村的选址和建设必须抓住地质资源是地质文化村（镇）建设的根基，地质演化史和人地和谐发展史是其建设的基础，地质特色是贯穿地质文化村（镇）建设过程的基调；牢固围绕"地质"这个核心，将地质内容与地质特色贯穿于地质文化村（镇）建设的始终。

2. 文化为魂

"文化为魂"的含义则是要在村（镇）建设和发展中赋予其一定的文化内涵，在发展地质文化的同时，也要推广融合当地的乡村文化。具体思路为：以当地的地质内容或文化为主线，同时结合当地风俗、民俗和故事传说等对地质文化进行升华，然后通过科普故事、文学创作、文艺表演等形式把地质文化和乡村文化二者"串起来、亮出来、用起来、活起来"，最终形成村（镇）独具特色的地质文化。"文化为魂"的要义还表现为在深挖地球、地质知识的同时，保护和传承优秀的乡村传统文化。

地质文化村（镇）的核心是彰显地质文化，突出地质主题，讲好地球故事，提升乡村的科学品质与文化内涵，是依据村落发展基础，以"地质+"为模式，积极创建自然美、环境美、生态美、文化美的特色主题村落。对于发展基础较好的美丽乡村、乡村旅游示范村等村落，应通过区域综合地质调查，明确地质环境和地质遗迹景观的特点与形成原因，按照"地质+"的思路，使乡村文化因地质文化而显得与众不同；对于地质环境和地质遗迹独特，但发展基础薄弱的村落，应按照"地质+"的思路，使地质文化与美丽乡村建设、旅游产品开发全面结合，找到提升地质环境与展示地质遗迹的切入点、助力点和引爆点，使地质景观因乡村开发建设得到凸显。

3. 融合为要

"融合为要"的要义主要体现在一个"融"字上。其中第一层"融合"的含义是在地质文化村（镇）的建设中要实现地质知识与乡土文化的深度融合，充分发掘这些地质元素，从而实现地质与旅游、文创、农业等产业之间的融合；第二层"融合"为政策上的融合，即地质文化村（镇）的建设要和美丽乡村建设、美丽宜居示范村建设、传统村落保护、精准脱贫和乡村振兴等国家或地方政策相融合，不能与现行政策相悖；"融合"的第三层含义为建设主体或力量的融合，即地质文化村（镇）的建设要实现政府、企业、专业机构和村民等建设力量的多层次、多渠道合作，绝不是任何单一主体或力量能单独完成。只有在政府的积极引导、政策优先支持下，在企业和社会专业机构的规划设计和建设下，在充分调动当地村民共建共享的模式下，地质文化村（镇）才能够真正地开花结果①。

对于"融合"概念的第一层次的理解，陕西师范大学吴成基教授的观点最具代表性。他指出，所谓"融合"，最为重要的就是地质文化村（镇）要将地质遗迹资源与当地物质文化和非物质文化融合为一体。地质文化村（镇）的某种类型和一定数量的地质遗迹资源，除具有一定的游览观赏美感之外，应与当地的文化充分融合，以显示浓厚的地学情节。换言之，应该在建筑风格、人居环境、社会生活等方面都可以见到地质烙印，这样才能叫"地质文化"。这就要求要在当地文化中找出地质文化的地质渊源，不论是物质文化还是非物质文化。其实，不存在没有地学渊源的文化，只是许多文化深藏于民间尚未挖掘出它们的地学属性。建设地质文化村（镇）就是要深入挖掘这样的文化，使其与地质学联袂。在很多地质条件复杂的农村，其生产和生活都与地质有关系，但并非每一个村庄都能够孕育出地质文化。一般来说，越是历史悠久的村庄，越是地质环境复杂多样的村庄，其所包含的地质因素可能更多元，更可能孕育出地质文化。建设地质文化村（镇）就是要将这些具有地质底蕴的文化发扬光大，传承下来。如果不进行融合，地质是地质，文化是文化，仍然两张皮，如此建设起来的地质文化村（镇）就没有什么特殊性，也没有现实意义。

4. 惠民为本

"惠民为本"，是指地质文化村（镇）的建设宗旨就是惠民富民。其要义有四：一是通过地质文化村（镇）建设来改善村容村貌，形成美丽乡村新风貌，使乡村成为生态宜居型乡村，惠及当地村民；二是通过地质文化村（镇）知名度的宣传推广，研学和休闲度假乡村的开发，产生地质文化+旅游+购物的综合效应，通过特色农副产品和文创产品的销售、民宿的开发及全域旅游等途径增加农民的收入，使"绿水青山"转变为"金山银山"，产生突出的富民效应；三是通过地质文化的创建和宣传提升当地村民的文化水平，让老百姓讲述自己村上的地质故事，让村民实现物质上的富裕、精神上的富有，增强村民的幸福感和获得感；四是通过地质科普、乡村文化普及，产生广泛的社会效应，惠及大众。

---

① 孟庆伟，刘凯，曹晓娟，等. 浅谈地质文化村建设中的地质要素及文化融合. 地质论评，2021，（S01）：241-242.

二、建设模式

不同的"地质+"模式代表了各村的禀赋特色及后续的主题开发建设方向。因此，在地质文化村（镇）的建设模式上，应充分结合所建村（镇）的资源禀赋和当地的社会经济发展水平以及产业发展状况，选择因地制宜并突出特色的"地质+"模式。根据现阶段全国已有地质文化村（镇）的建设模式来看，主要有"地质+生态旅游""地质+生态农业""地质+自然教育""地质+生态康养""地质+创新创意""地质+综合服务"六种建设模式（见图1-4）。

图1-4　地质文化村（镇）建设的六种基本模式

在2021年7月份中国地质学会公布的26个全国首批地质文化村（镇）名单中，"地质+生态旅游"模式11个，占总数的42%；"地质+生态农业"模式4个，占总数的15%；"地质+自然教育"模式3个，占总数的12%；"地质+生态康养"模式3个，占总数的12%；"地质+创新创意"模式1个，占总数的4%；"地质+综合服务"模式4个，占总数的15%（见表1-1和图1-5）。

表1-1　全国首批地质文化村（镇）名录

序号	星级	地质文化村（镇）名称	所处行政区	建设模式
1	三星级	白雁坑地质文化村	浙江省嵊州市	地质+生态旅游
2	三星级	金村地质文化村	浙江省仙居县	地质+综合服务
3	三星级	高滩地质文化村	江西省莲花县	地质+生态农业
4	三星级	曹家庄地质文化村	山东省泰安市泰山风景名胜区	地质+生态农业
5	三星级	落星地质文化村	湖北省远安县	地质+自然教育

续表

序号	星级	地质文化村（镇）名称	所处行政区	建设模式
6	三星级	下牙地质文化村	广西壮族自治区凤山县	地质+生态旅游
7	三星级	儒安地质文化村	海南省海口市秀英区	地质+生态农业
8	三星级	杨家台地质文化村	河北省顺平县	地质+生态旅游
9	挂牌筹建	不老台地质文化村	河北省阜平县	地质+生态旅游
10	挂牌筹建	诗上庄地质文化村	河北省兴隆县	地质+生态康养
11	挂牌筹建	施家庄地质文化村	浙江省磐安县	地质+生态旅游
12	挂牌筹建	莲塘地质文化村	浙江省江山市	地质+自然教育
13	挂牌筹建	老山地质文化村	安徽省泗县	地质+综合服务
14	挂牌筹建	求知地质文化村	安徽省潜山市	地质+生态旅游
15	挂牌筹建	北港地质文化村	福建省平潭综合实验区	地质+生态旅游
16	挂牌筹建	杞溪地质文化村	福建省大田县	地质+生态康养
17	挂牌筹建	富岭地质文化镇	福建省浦城县	地质+生态康养
18	挂牌筹建	高多地质文化村	江西省兴国县	地质+生态农业
19	挂牌筹建	大洲塘地质文化村	江西省宁都县	地质+生态旅游
20	挂牌筹建	灵山岛地质文化岛	山东省青岛西海岸新区	地质+生态旅游
21	挂牌筹建	石场地质文化村	河南省嵩县	地质+生态旅游
22	挂牌筹建	夏富地质文化村	广东省仁化县	地质+自然教育
23	挂牌筹建	鲍峡地质文化镇	湖北省十堰市郧阳区	地质+创新创意
24	挂牌筹建	锡矿山地质文化镇	湖南省冷水江市	地质+综合服务
25	挂牌筹建	九居谷地质文化村	甘肃省漳县	地质+综合服务
26	挂牌筹建	塔拉特地质文化村	新疆维吾尔自治区富蕴县	地质+生态旅游

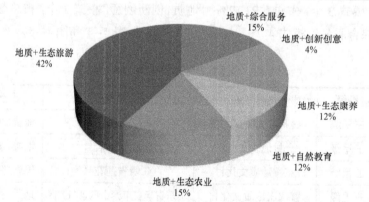

图1-5 全国首批地质文化村（镇）建设模式结构图

地质文化村（镇）的建设目的之一是发展乡村旅游，以达到惠民富民的目的。从地质文化村（镇）建设模式数据来看，"地质+生态旅游"模式占比最重。地质旅游的一个主要任务就是"让地质学在人文的世界里徜徉"。而地质旅游文化的关键点是如何把地质科学和旅游文化进行融合，使地质要素真正能够成为公众喜爱的旅游产品。

说到旅游，人们就会想到"吃、住、行、游、购、娱"旅游六要素。这是直到现在对旅游业描述最简洁、最准确、传播最广的概念[①]。怎样把地质文化融入到旅游六要素中，形成以"吃"为特色的地学饮食文化，包括地质食品、养生饮品、地质器具等；以"住"为特色的地质民宿文化，包括地质诗画、地质雕塑、地质工具、地质器皿、宣传资料、地学特色房间等；以"行"为特色的地质交通文化，包括地学引导标识、地学导航地图、地质导游宣传资料等；以"游"为特色的地质研学文化，包括研学旅游文化、地质产品文化、化石产品文化、水产品文化、土壤产品文化、环境教育产品文化、生态产品文化、历史产品文化等；以"购"为特色的地质文创文化，包括地质文创品、地质纪念品等；以"娱"为特色的地质乡村文化，包括地质文化村、地质小镇等，最终形成一整套以地质为特色的地质旅游文化。

"地质+生态旅游"类地质文化村（镇）建设主要依托丰富的地质遗迹资源、优美的生态环境及丰富的文化资源，结合民宿开发、民居及民俗等活动，发展乡村休闲游村（镇）。该类建设模式的代表村（镇）有：浙江白雁坑地质文化村、广西下牙地质文化村、河北杨家台地质文化村、河北不老台地质文化村、浙江施家庄地质文化村、安徽求知地质文化村、福建北港地质文化村、江西大洲塘地质文化村、山东灵山岛地质文化岛、河南石场地质文化村和新疆塔拉特地质文化村。

"地质+生态农业"类地质文化村（镇）建设主要依托优质的土地资源，开发富硒、富锌等绿色有机农副产品，进而达到以发展特色农业为目的地质文化村（镇）建设模式。该类地质文化村（镇）的建设思路是：打造与土地资源相关的特色农产品，代表性村（镇）有：江西莲花县的高滩地质文化村、山东泰安市的曹家庄地质文化村、海南海口市的儒安地质文化村和江西兴国县的高多地质文化村。

"地质+自然教育"类地质文化村（镇）建设主要是依托优质的地层化石、地层剖面、地震遗迹、构造现象、陨石坑、火山地貌、地理界线及特色动植物

---

① 曹诗图. 哲学视野中的旅游研究. 北京：学苑出版社，2013.

等资源，结合周边乡土文化、红色文化等，开发学生研学、自然教育、劳动实践等的场所，进而建设成为发展自然教育产业的村（镇）。代表性村（镇）有：湖北远安县落星地质文化村、浙江江山市的莲塘地质文化村和广东仁化县的夏富地质文化村。

"地质+生态康养"类地质文化村（镇）建设主要是依托优质的温泉（地热）、矿泉或森林等特色资源，开发食、药、用、住等特色产品，建设和发展生态康养产业。代表性村（镇）有：河北兴隆县的诗上庄地质文化村[①]、福建大田县的杞溪地质文化村和福建浦城县的富岭地质文化镇。

"地质+创新创意"类地质文化村（镇）建设主要是依托所建设村（镇）在观赏石、宝玉石生产加工与展览销售、地质勘探技术等特色地质产业方面的优势，综合乡土文化等其他资源，大力推进创新创意产品研发和地质特色产业创新发展。代表性村（镇）如湖北十堰市的鲍峡地质文化镇。

"地质+综合服务"类地质文化村（镇）建设主要是综合利用多种特色地质资源，形成旅游、研学、康养和特色农产品销售等多元化综合服务产业的村（镇），也是目前地质文化村建设的热门模式。代表性村（镇）有：浙江仙居县的金村地质文化村、安徽泗县的老山地质文化村、湖南冷水江市的锡矿山地质文化镇、甘肃漳县的九居谷地质文化村。

三、创建流程

地质文化村（镇）坚持因地制宜、突出特色、与乡村发展和国土空间规划充分融合的原则，多方统筹协调，实现绿色可持续发展。其建设流程一般包括选点论证、调查评价、策划设计与产品开发、建设实施、申报与评审授牌、宣传推广 6 个阶段（见图 1-6）。

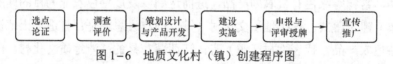

图 1-6　地质文化村（镇）创建程序图

选点论证是对欲创建的各备选村（镇）的资源禀赋、基础条件进行初评，一般由地方政府或相关单位或团体邀请专业团队或专家队伍进行初步考察，以获得一个大致结论而不做详细评估。

---

① 赵洪飞，鲁明，赵小菁. 贵州六盘水月照旅游地质文化村地质遗迹景观资源特征及其保护. 贵州地质，2018，35（1）：60-64.

调查评价则是在选点论证初评结果认为有创建地质文化村（镇）的条件和基础的论断上进行的一项基础性工作。该项工作需要对所创造的村（镇）的自然资源、人文资源、社会经济条件和自然环境状况做系统的详细调查和评估，并呈报相关调查报告。

策划设计则是在调查评价的基础上，根据村（镇）的特色资源和特色文化等进行相关的规划建设和营销策划等。主要以地质文化为主线来构建相关创意产品，编写地质文化村规划建设方案。

建设实施就是根据策划设计的内容和地质文化村（镇）规划建设方案进行相关的工程建设和产品开发。

在以上所有工作的基础上，向中国地质学会提供申报地质文化村（镇）的相关材料，再组织专家通过评审后向所申报村（镇）授牌。

通过网络、自媒体、电视、报纸或举办各类活动的方式向社会宣传推广。

第五节　九居谷地质文化村创建概要

一、指导思想

九居谷地质文化村创建坚持以习近平新时代中国特色社会主义思想为指导，深入贯彻"四个全面"发展战略和"五位一体"总体布局，牢固树立创新、协调、绿色、开放、共享的发展新理念，紧紧围绕甘肃省委省政府、定西市旅游发展战略目标、漳县旅游发展方向及区域乡村旅游发展有关决策与精神，立足漳县特殊的地理区位优势、丰富的历史文化和自然生态等旅游资源，以九居谷创建地质文化村和全国乡村旅游示范村为机遇，以推动地质文化体验活动服务国家乡村振兴战略为导向，以重点旅游项目和旅游产品为引擎，统筹全县和全村两个发展层面，从全域视角促进九居谷地质文化村生态旅游及其相关产业发展，打造甘肃全省乃至全中国地质生态文化体验特色村，开创中国"地质生态文化体验+乡村旅游发展"的新模式，努力实现"地质资源独特、生态环境宜居、文化特色鲜明、体验记忆犹新"的漳县九居谷地质文化村旅游发展新格局和乡村发展新模式，争取在全国建成一批可复制的"九居谷地质文化村。"

九居谷地质文化村的创建，是全面统筹九居谷地域自然资源、生态环境资源、人文历史资源、区域发展资源等各类旅游资源的总体发展的重要举措，是保护九居谷自然生态环境、发展九居谷旅游产业经济、提高村民收入、增进区域认同的重要手段，是漳县旅游发展的重要支撑和强力引擎，是定西市旅游产业发展的重要动力和未来乡村旅游发展的典范，是西北地质生态文化体验发展的重要标杆。

二、创建分期

根据九居谷地质文化村的建设发展实际，将其创建阶段分为三期：近期发展阶段（2018—2020）、中期发展阶段（2021—2025）和远期发展阶段（2026—2030）。

近期发展阶段为资源普查、规划编制和项目立项阶段。主要目标是聘请专业地质调查机构进行地质和文化资源普查，整合九居谷基础旅游资源，合理规划，制订科学开发计划，完成项目立项前置手续。

中期发展阶段主要是一期项目建设和业态赋能期。规划中地质博物馆、研学基地、民宿等一期项目落地建设，做好九居谷前期营销宣传工作的同时，积极推进乡村旅游业的发展进程；从展示资源、品位文化、体验活动、参观游览、品尝美食和欣赏景观等多方面组合打造，完善九居谷基础服务设施。主要目标是将九居谷地质文化村乡村旅游产业及九居相关业态导入景区，重点打造九居谷地质文化村的旅游品牌，把九居谷建设成以乡村旅游产业为龙头、以九居业态为抓手，文化体验和民俗展演等项目活动协调发展的西北地区乡村旅游特色村。

远期发展阶段为全面提升期，其目标是持续推进九居谷地质文化村旅游业可持续发展，使漳县地质文化旅游资源得以最大限度地利用和最好的保护，将九居谷打造成特色鲜明的乡村旅游目的地和国家级乡村旅游示范村，全方位引爆乡村旅游市场，点亮九居谷乡村体验新地标。

三、指导文件及资料

1. 法律法规
《中华人民共和国旅游法》（2018 年修正）；
《中华人民共和国城乡规划法》（2019 年修正）；
《中华人民共和国土地管理法》（2019 年修订）；

《中华人民共和国环境保护法》（2014 修订）；

《中华人民共和国水法》（2016 年修正）；

《中华人民共和国农业法》（2012 年修订）；

《中华人民共和国自然保护区条例》（2017 年修改）；

《中华人民共和国森林法》（2019 年修订）；

《中华人民共和国水土保持法》（2011 年修订）；

《中华人民共和国风景名胜区管理条例》（2006 年）；

《中华人民共和国环境影响评价法》（2018 年修正）；

《旅游规划管理暂行办法》（1999 年）；

《旅游安全管理暂行办法》（2016 年）；

《甘肃省旅游条例》（2012 年）；

《地质灾害防治条例》（2003 年修订）；

《中华人民共和国防洪法》（2016 年修正）等。

2. 规划标准

《旅游规划通则》（GB/T 18971—2003）；

《旅游资源分类、调查与评价》（GB/T 18972—2017）；

《旅游厕所质量等级的划分和评定》（GB/T 18973—2003）；

《风景名胜区规划规范》（GB/T 50298—1999）；

《旅游区（点）质量等级的划分和评定》（GB/T 17775—2003）；

《旅游民宿基本要求与评价》（LB/T 065—2019）；

《旅游度假区等级划分》（GB/T 26358—2010）等。

3. 指导意见与政策

《国务院关于促进旅游业改革发展的若干意见》（2014 年）；

《中共中央 国务院关于加快推进生态文明建设的意见》（2015 年）；

《国务院关于落实发展新理念 加快农业现代化实现全面小康目标的若干意见》（2015 年）；

《甘肃省文明行为促进条例》（2020 年）；

《甘肃省委省政府关于促进旅游业改革发展的意见》（2014 年）；

《甘肃省关于加快推进新型城镇化和城乡融合发展的政策措施》（2020 年）；

《甘肃省人民政府办公厅关于加快乡村旅游发展的意见》（甘政办发〔2018〕23 号）；

《甘肃省人民政府关于推进文化创意和设计服务与相关产业融合发展的实

施意见》（2014）；

《甘肃省关于促进全省旅游住宿业发展的指导意见》（甘旅发〔2017〕4号）；

《甘肃省人民政府办公厅关于大力促进全省文化旅游产业提质增效的意见》（甘政办发〔2019〕100号）；

《甘肃省级文化生态保护区管理办法》（甘文旅厅字〔2019〕44号）。

4. 规划计划

《国民经济和社会发展第十三个五年规划纲要》（2016—2020）；

《"十三五"旅游业发展规划》（2016—2020）；

《"十三五"生态环境保护规划》（2016—2020）；

《全国生态保护"十三五"规划纲要》（2016—2020）；

《全国生态旅游发展规划》（2016—2025）；

《全国生态保护与建设规划》（2013—2020）；

《甘肃省国民经济和社会发展第十三个五年规划纲要》（2016—2020）；

《甘肃省"十三五"旅游业发展规划》（2016—2020）；

《甘肃省新型城镇化规划》（2014—2020）；

《甘肃省城镇体系规划》（2013—2030）；

《甘肃省乡村旅游总体规划》（2010—2025）；

《兰州—西宁城市群发展规划》（2018—2035）；

《定西市"十三五"旅游业发展规划》（2016—2020）；

《定西市"十三五"文化旅游产业发展规划》（2016—2020）；

《定西市城市总体规划》（2015—2030）；

《定西市旅游业发展规划》（2013—2025）；

《漳县"十三五"旅游发展规划》（2016—2020）；

《漳县"十三五"脱贫攻坚规划》（2016—2020）；

《漳县旅游业发展规划》（2015—2025）；

《漳县"十三五"农业农村发展规划》（2016—2020）；

《漳县县域城乡发展战略规划》（"三规合一"规划）；

《漳县全域旅游发展规划》（2018—2030）等。

5. 其他资料

关于漳县三岔镇朱家庄等区域社会经济发展状况的调查；

九居谷实地踏勘、调研所获得的资料；

《漳县县志》《洮州厅志》《漳县史话》等文献史料。

第二章

地质文化村选址

第一节　基本操作规范解析

一、指南规定

《地质文化村（镇）建设工作指南（试行）》第二部分"选点论证"内容如下：

拟建的地质文化村（镇）应经过专业技术人员的初步踏勘，并与当地政府充分座谈和沟通后确定，建设范围可以是自然村、行政村或乡镇。

拟建地质文化村（镇）应委托地勘行业队伍或地学专业机构对村（镇）的自然资源、人文资源、地质环境、基础设施和人口经济等进行初步调查，并充分结合国土空间规划、乡村规划等，对地质文化村（镇）建设和发展潜力进行初评，提出可行性建议。

拟建地质文化村（镇）应具备以下基本条件：（1）村庄户籍人口不少于100人。（2）村（镇）域内具有地质遗迹、富硒富锌优质土地、优质矿泉、地质产业等特色地质资源。（3）村镇道路、水电、卫生等基础设施较为完善，或预期在1～2年内可达到较为完善。

二、指南解读

上文指南的前两段文字意在说明拟建地质文化村（镇）首先要有一颗优质地质文化的"种子"。"种子"破土而出需要一个萌芽和生发的过程。基本条件要求则是为了说明"地质文化村（镇）"这颗种子落地生根及开花结果所需要具备的基础土壤条件和环境条件。

建设地质文化村（镇），首先拟建村（镇）要有一颗地质"种子"，这颗"种子"必须是当地所具备的与地质相关的典型元素，例如指南中提出的特殊地层、古生物、构造、典型地貌、温泉矿泉或具有特色的土地资源等。这颗"种子"的发现是需要专业人员初步踏勘来寻找和辨识的，非专业人员则往往意识不到或辨别不出该"种子"，从而导致优质资源"藏在深闺人未识"。在专业人员发现"种子"之后还需要与当地政府进行充分沟通，了解当地政府是否有"播种"的意愿，如果有，是想在多大的土地上"播种"。指南中指出地质文化村（镇）的拟建设范围可以是自然村、行政村或乡镇，意即对地质文化村（镇）建设的具体大小和规模未做要求，只要是在县级以下可以视实际情况建设规划。

在有了"种子"之后，则需要对培育种子的"土壤"和外部条件进行评估。以上指南中的最后一段对"地质文化村（镇）"种子培育的"土壤"条件和外部条件做了说明，也就是只能在符合上述条件的前提下，才能培育出"地质文化村（镇）"这个幼苗。同时，对"土壤"条件和外部环境的评估只能由专业技术人员来完成。指南中对主要评估的要素做具体要求，"土壤"调查评估的主要内容包括乡村（镇）的自然资源、人文资源、地质环境、基础设施和人口经济等，"外部因素"则主要指国土空间规划和乡村规划等，保证在后期建设过程中不与已有规划产生冲突。

拟建地质文化村（镇）应具备的基本条件是实现创建目标的基本前提，没有一定的村民和产业发展条件，"融合和惠民"的目标是无法实现的。

首先村庄户籍人口不少于100人，如果村庄人口太少，特别是青壮年人口较少，则不利于服务业的发展，也达不到惠民的目的（惠民是指能够给一定规模的人群带来收益）。

其次要求村（镇）域内具有地质遗迹、富硒富锌优质土地、优质矿泉、地质产业等特色地质资源，是在回应地质文化村建设定位十六字方针中的"地质为基"的原则。要建设地质文化村（镇）必须要有典型的、具有代表性的地质特色要素，不能选择一个地质要素毫无特色的村（镇）去建设，没有特色就没有吸引力，一个没有吸引力的旅游产品，是没有打造、创建意义的。

最后要求村（镇）道路、水电、卫生等基础设施较为完善，或预期在1~2年内可达到较为完善，是强调创建地质文化村（镇）必要的基础条件。创建和申报地质文化村（镇）的目的是发展乡村旅游，发展乡村旅游的目的是乡村振兴。而发展乡村旅游，基础设施和服务设施是关键，这两者滞后，会影响乡村旅游的发展，建设和申报地质文化村就失去了意义。"预期在1～2年内可达到较为完善"是对创建、申报地质文化村（镇）条件的放宽政策，在创建或申报时，暂时还没有达到基础设施和服务设施所要求的条件，在1～2年内能达到也可以。

第二节　九居谷概况及地质文化村选址分析

九居谷地质文化村位于漳县县城西面距县城6 km的朱家庄韩家沟。这里山体离散、群峰成林、山峰直立、山顶平缓、赤壁丹霞，崖崖独立成峰、峰峰相映成趣，环境优美，空气清新，绿化覆盖率高，是生活居住、生态旅游、休闲度假的胜地。九居谷气候以温带大陆性气候为主，具有得天独厚的地理优势，为九居谷旅游资源的开发提供了良好的基础条件。

一、交通区位优势

九居谷地质文化村坐落于漳县县城之西，北邻陇西县和渭源县，南接岷县，距漳县县城6 km，距离省会兰州187 km，交通便利，区位优势明显（见图2-1）。

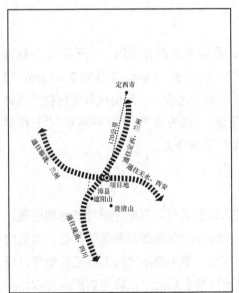
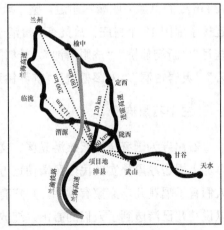

图2-1　九居谷交通区位优势图

二、旅游资源区位优势

九居谷所在的漳县地处西秦岭和黄土高原交汇地带，独特的地理位置孕育了优美的自然风光和悠久的历史文化。其周缘已建成诸多国内著名旅游景点或景区，如国家 AAAA 级旅游景区遮阳山、贵清山、石崖寺等，对九居谷的旅游具有较大的辐射作用，这些成熟的旅游资源为九居谷地质文化村的创建提供了便利条件。

（一）遮阳山

遮阳山是国家 AAAA 级旅游景区，位于漳县县城西部 29 km 处，为秦岭西端与岷山交汇地段的奇丽岩壑和岩洞构成的奇特自然风景区，总面积为 30 多 km²，有奇峰异石、溪流瀑布、深邃岩洞、幽深峡谷，景点达 120 多处，更有历代达官显贵、文人墨客、仙家道士留有多处题咏刻石。北宋时期此处曾建有相当于县级政权的遮阳堡，遗址至今尚存。遮阳山古有岷州"小崆峒"之称，由西溪、东溪和夷门山三个景区组成。西溪由金家沟和若干岔峡组成，全长 7.5 km，为全山的旅游精华所在，主要有临溪巨石、芸叟洞、三醉石、题诗崖、仙人祠、青羊洞、八音井、常家洞、锡庆寺等景点 50 余处。

（二）贵清山

贵清山为国家 AAAA 级旅游景区、爱国主义教育基地，位于距漳县县城 72 km 处的草滩乡叭嘛村附近。整个风景区南北长 15 km，东西宽 2～5 km，它连接了周围 18 个村庄，故又有"贵清十八村"之说。贵清山风景区包括"禅林桂月""断涧仙桥""洗眼清池""转树险道""西方胜景""三峰环翠""石栈穿云""灵岩古洞""方壑松涛""佛界钟声"等风景点。

（三）石崖寺

石崖寺为国家 AA 级旅游景区、文化旅游景点。石崖寺独特的地理位置，再加上周边淳厚朴实的民俗风情使这方土地洋溢着温馨与和谐的气息。这里的人们善于唱花儿，家家有歌手，户户有新苗，举手投足之间都有花儿相伴，可以说花儿已渗透到了人们的心田，绽放于日常生活之中。每年农历六月六，一年一度的石崖寺花儿会便拉开了帷幕，来自汉族、藏族、回族的花儿歌手都会来到石崖寺一展歌喉，他们打着雨伞，手抚耳根，唱出自己最拿手的歌，使这儿的山山水水、沟沟坎坎都沉浸在歌的海洋中，展现出山中有歌、歌中看人的自然景观。

（四）泰山公园

泰山公园为国家 AA 级旅游景区，地处漳县城北的三台山，由钟山、鼓山、旗山三山组成。独特的地理位置，悠久的历史文化，使泰山公园成为城区人们休闲游乐的主要场所。

（五）红军盐井纪念馆

红军盐井纪念馆为红色旅游经典景区、爱国主义教育基地。红军盐井纪念馆建于 2005 年，坐落在盐井镇西街，原为盐井镇王家大院，建筑面积 60 m²，现存各类革命文物 40 余件，收藏程世才中将、徐深吉中将、老红军战士谢觉哉夫人王定国及以色列友人武大卫等人题词多幅，2005 年被定西市国防教育委员会命名为市级国防教育基地，2006 年被中共定西市委命名为市级爱国主义教育基地。

（六）晋家坪遗址

晋家坪遗址为甘肃省文物保护单位，位于漳县新寺镇晋家坪村北 600 m，是一处马家窑文化和齐家文化共存的遗址，面积约 25 万 m²，文化层厚 0.5～3 m，暴露有灰坑、白灰面居址、陶窑等。在该遗址出土采集有马家窑文化马家窑类型遗存的泥质红陶和夹砂红陶片，出土的彩陶纹饰有黑彩宽带纹、曲线纹、同心圆纹、弧线三角纹，器形有瓶、钵、盆等；齐家文化遗存的有泥质红陶片和夹砂红、灰陶片，饰篮纹、绳纹、附加堆纹，器形有鬲、豆、折肩罐、双耳大口罐等。该遗址保存较好，对研究马家窑文化和齐家文化的发展有重要价值。

（七）徐家坪–岳家坪遗址

该遗址位于漳县城关镇徐家坪村西北 200 m，是一处马家窑文化马家窑类型和齐家文化共存的遗址。遗址面积约 20 万 m²，文化层厚度不详，断面暴露有白灰面居址。该遗址出土采集有马家窑文化马家窑类型遗存的泥质红陶和夹砂红陶片，彩陶纹饰有黑彩平行带纹、弧线三角纹、圆点纹，器形有罐、鼓腹罐、钵、尖底瓶、壶等；齐家文化遗存的有夹砂红、灰陶和泥质红陶片，饰绳纹、篮纹、附加堆纹，器形有折肩高领罐、双耳大口罐等。遗址保存较好，对研究马家窑文化和齐家文化的发展有重要价值。

（八）漳县博物馆

漳县博物馆成立于 1991 年，与文化馆两个牌子一套人马。博物馆馆藏文物 5 279 件（套），其中珍贵文物 297 件（套），一般文物 4 982 件（套）。馆藏珍贵文物中三分之二是漳县"汪氏家族墓地"出土。

（九）漳盐文化

关于漳县的盐井，史载"盐井创自秦时"。有人说此处的"秦时"应当是指"益国十二、开地千里，遂霸西戎"的"春秋五霸"之一秦穆公称雄时的秦国。另一说法认为此处的"秦时"是"横扫六合，席卷八荒"的秦始皇建立的秦朝。若是前者便有 2 700 余年的历史，若是后者，也有 2 200 年上下的岁月了。总之，无论哪个"秦时"，漳县盐井都堪称"华夏第一井"，都足以让漳县人民引以为自豪和骄傲！

漳盐上下三千年历史，滋育方圆二百里先民。数千年来，漳盐与漳县历史的发展伴随始终。新石器时代，在今天的盐井、小井沟、盐水岽一带，史前人类就地取食露头盐泉，秦时的"盐川寨"、东汉的"障县"、唐朝的"武阳县"、宋金时期的"盐川砦"，先民们开发利用盐水，熬制形盐、散盐，明代六十五家"浚井甃木"联合开发，规模经营，产量惊人，发展到今天的真空制盐，供给全省多个县市的生活用盐。纵观沧桑历史，漳盐的开发生产，不仅给全县带来了繁荣兴旺，而且给周边的百姓带来了幸福安康；不仅使盐井镇早在秦汉时期就成为陇上重镇、名镇，而且为漳县的设立和发展奠定了坚实的基础。盐业是漳县立县的基础，两千年汲之不竭的宝井是漳县历史文化的源泉，当它把无数如雪似玉的盐不断奉献于世人的同时，也逐渐结晶出一种独特的"人无我有"的立县文化——漳盐文化。

（十）汪氏文化

汪氏家族墓地位于甘肃省定西市漳县城东南，是元代陇右王汪世显家族的墓地，面积 3 万多 m^2，墓区呈三角形。汪氏家族墓地始建于 1243 年，至明万历四十四年（1616），历经 373 年，埋葬有 220 余人。《重修漳县志》上也有"南山在城五里，一名汪古山，元陇右汪世显墓在东麓"之记载。在陇右历史上汪氏家族是有着辉煌家史的阀阅世家，勋业盛极数朝，垂声振华，从金代从戎发迹，发达于元代，延庚明清，在元代国家倚重为西陲长城，足见其在中国西北历史上显耀而尊崇的地位。

三、自然生态环境

九居谷位于定西市南部的漳县，东连武山，西邻卓尼，南靠岷县，北与陇西、渭源接壤。漳县全域属温凉半湿润气候，气候温和多雨。南部中山山塬沟谷地带，气候较凉，雨水较多，属温凉气候区；西部土石山地带，冬春寒冷少雪，夏秋温凉少雨，属高寒气候区。由于漳县地处中纬度内陆，距海遥远，又受青藏高原、蒙古高原、秦岭等地形的制约及主要天气系统变化的影响，使本地大陆性气候强烈，形成冬季冷长、夏季短热、冬干夏湿的气候特征。总的气候特点是：光照充足，雨热同季，降水四季分配不均，降水变率大，风速小，气候温凉、湿润，气象灾害繁多。年平均气温 7.8℃，极端最高气温 35.1℃，出现在 2010 年 7 月 29 日，极端最低气温−22.6℃，出现在 1981 年 12 月 18 日；年平均降水量 433.5 mm，日最大降水量 112.1 mm，出现在 2003 年 7 月 22 日；年平均相对湿度 67%；年平均日照时数 2 295.4 h；年平均风速 1.7 m/s，最多风向 SE；年雷暴日数 23.6 天。主要气象灾害有暴雨（雪）、冰雹、干旱、霜冻、寒潮、低温冷害等。九居谷所在区域主要有漳河、龙川河、榜沙河等河流，铁沟河、胭脂河、黑虎河等七条较大支流。河道总长 154.2 km，年径流量 3.785 亿 m³，其中漳河平均径流量 2.408 亿 m³。九居谷内有季节性流水产出，水流量总体较小。

另外，九居谷由于拥有良好的生态环境，因此是各种名贵药材和优质蔬菜水果的生产佳地。这里出产的主要土特产有当归、党参、黄芪、贝母、冬虫夏草、马铃薯、黄瓜、苹果、文冠果、蕨菜、乌龙头、细鳞鲑等。

四、特色地质资源

（一）丹霞地质遗迹

通过前期调查，认为九居谷内发育的丹霞地貌地质遗迹资源较为典型，可以与省内其他的丹霞或者碎屑岩地貌媲美，如张掖的冰沟丹霞、兰州树屏的碎屑岩地貌和景泰的黄河石林地貌等。省内这几处以丹霞地貌遗迹景观为主的景区都已进行了大规模的旅游业开发并取得了很好的效益。而九居谷丹霞地貌与它们相比，其形态更加变化多样，颜色更加鲜艳夺目，更为难得的是九居谷丹霞地貌处在半湿润气候区，这里气候多雨、森林植被覆盖率高，有山有水，形成的丹霞地貌风景更具有江南山水丹霞的某些特色，值得更进一步的开发建设。同时，九居谷的丹霞地貌与干旱区丹霞地貌的不同之处还在于这里的地貌景观在形成过程中可能遭受的流水侵蚀和化学风化作用更强，从而使该地的丹霞地貌不似干旱区丹霞地貌以顶平为特征的宫殿式为主，而是顶部常常剥蚀呈球状或波浪状，且侧部也不似干旱区丹霞地貌以垂直为主，而是以陡坡兼具浑圆状为特征，这就形成了以宝塔状或石柱状为主的九居谷丹霞景观群。随着时间的积累，当地人还饶有兴致地对这些形态各异的丹霞地貌赋予了相应的神话传说和故事，并给予了特定的名称，如鲁班崖、新媳妇崖、骆驼西行、宝塔峰、禹王崖、子母钟等。这些依附于丹霞地貌景观群的名字和故事都已体现在九居谷的特色地质文化内涵之中，从而成为九居谷创建地质文化村的基础。

（二）富含岩盐地层

钻探和地质资料显示，赋存漳盐的岩盐地层为新近纪甘肃群，表明漳盐的形成与该区域新近纪时期的气候和沉积环境有关。在距今大约 2 300 万年以前的新近纪时期，漳县一带是一个数百平方千米的内陆咸水湖。由于气候不断地干湿交替变化，湖水也相应地反复干枯，同时湖水中溶解的大量盐类物质也发生反复的结晶浓集，从而形成了岩盐矿藏地层。地质资料显示，漳县一带已探明的具有开采价值的含盐地层就有 10 多层，盐层顶板埋深 70～176 m，底板埋深 190～390 m，全矿床 NaCl 平均品位 71.87%，盐卤水埋藏深 20～100 m 淋滤带内，水化学成分为 $Cl-SO_2-Na$ 型或 $Cl-Na$ 型，矿化度一般为 140～340 g/L，并有随深度增加而升高的趋势。这些岩盐层随着后期的地质变迁而被埋入地下，地下形成不透水岩层将盐矿保存下来，并在后期的地质构造运动中发生褶皱和断裂，一些被抬升至近地表的含盐层由于地表外营力的侵蚀作用而被剥露至近地表或地表。此时，当含盐层遇到地下水或地表河流时，其中的盐分就会被溶解至这些地下泉水或地表河水中，露头处则会形成盐泉。

综上，才有了源远流长的"先有漳盐，后有漳县"的文化美誉，也是丰厚的当地特色地质文化的重要代表。正是由于当地广泛发育的新近纪地层中富含多层含盐的地层，在后期的地质构造演化中逐渐富集成矿，在现如今地下水和地表水流经过程中再次溶解才形成漳县一带典型的盐泉，最终形成漳县代表性文化——"漳盐文化"。其中"漳盐"的地质成因及新近纪盐湖的演化过程构成了极具魅力的"漳盐"的地质文化。

五、人文资源及已有基础建设条件

（一）人文资源

九居谷的木艺、皮艺、毡艺、铁艺传承已久，享誉四方，其中的制毡和扇鼓（羊皮鼓）已被列入国家非物质文化遗产；"漳盐文化"和"汪氏文化"更是底蕴丰厚；红色文化更是在历史的长河中熠熠生辉。这种多元文化的互融，为九居谷发展乡村旅游奠定了深厚的人文基础，为创建地质文化村发挥了重要作用。

（二）建设条件

九居谷在申报和创建地质文化村之初，已有民营企业对当地的基础设施及部分旅游资源进行了初步的建设和开发，已经具备进一步开发建设的条件。例如在九居谷的一期建设规划中设计了3个互补性很强的功能区，分别是九居印象区、地质文化探秘体验区和乡创核心区。其中，九居印象区以山石、旱地为主，全长大约1.8 km，规划面积约350 000 m²。该规划区植被种类稀少，覆盖面积少，道路为硬化水泥路，道路两边为排洪沟，河道尚未修缮，景观不佳。地质文化探秘体验区地处丹霞地质景观带，有着丰富的山地地形条件，山峰奇特，造型优美，是徒步观光的最佳区位。该片区主要以草地、林地和农耕用地为主，规划总用地面积为640 000 m²。乡创核心区位于九居谷村庄内，在主干道北侧，总面积为27 800 m²。该区块村外部分为水泥路，村内部分则均为泥土路，如遇雨天，则道路泥泞。村内道路狭窄，景观性差，房屋破旧且低矮狭小，9户农家院落排列凌乱，一处鹿鸣池景观破败不堪，小广场地理位置不符合景区整体规划；村内缺少组织活动的场地。

图2-2列示的问题即地质文化村旅游开发建设需要提升的方面，是创建成功的必要条件，须全面进行升级改造。

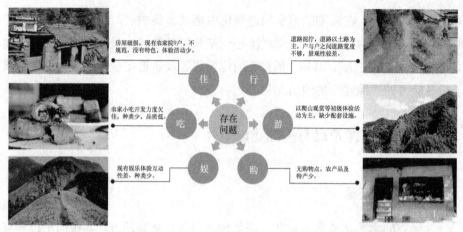

图2-2 九居谷"吃、住、行、游、娱、购"旅游六要素组成图

（三）旅游市场条件

在九居谷地质文化村开发建设之初，九居谷地质旅游规划团队还对影响九居谷的旅游市场分别从抑制因素和促进因素两方面进行了分析评估。分析认为，九居谷的核心客源一级市场为兰州、天水、武威和本市，这些地区近年来经济飞速发展，人民的生活水平快速提高，旅游需求日渐增强。随着兰新高铁的通车，进一步增大了游客的可选性，尤其是兰州，作为甘肃省会城市，人口超过400万人，消费能力强，对乡村旅游的需求旺盛，是九居谷的主要旅游客源输入地。

通过市场预测，九居谷的年游客数量可从2020年的120万人增加到2025年的346万人左右（见图2-3）。旅游收入效益可观，可以引领和带动当地经济的快速发展。

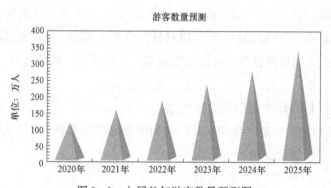

图2-3 九居谷年游客数量预测图

专家团队通过前期考察和讨论，一致认为九居谷在自然生态环境和特色地质资源、人文资源以及区位发展方面均占有相当的优势，更为重要的是九居谷在当地民营企业的参与建设下，基础设施建设和部分旅游资源开发已经形成一定的规模，地质研学产品和特色餐饮得到初步开发，具备了创建地质文化村的条件。

第三章

调 查 评 价

第一节 指 南 解 读

《地质文化村（镇）建设工作指南（试行）》（以下简称《指南》）要求，对地质文化村（镇）内的资源及基础环境条件进行详细调查和评价是申报与建设的基础性工作。具备地质文化村（镇）建设可行性的村（镇）应委托地勘行业队伍或地学专业机构对村（镇）及其周边地区特色地质资源、自然条件、社会经济与人文资源等情况进行综合调查评价，掌握地质文化村（镇）建设资源环境条件，为地质文化村（镇）的策划设计与建设奠定基础。

根据《指南》，地质文化村申报创建前主要的调查评价内容分三大方面，分别是特色地质资源调查评价、自然条件调查评价、社会经济和人文资源调查评价。其中，特色地质资源调查评价又可细分为地质遗迹资源调查评价，特色土地资源调查评价，地热、矿泉水资源调查评价，特色地质产业调查评价。自然条件调查评价又可细分为：自然环境条件调查评价、地质安全条件调查评价、特色生物资源调查评价。社会经济和人文资源调查评价则主要细分为两个方面：社会经济调查评价和人文资源调查评价，如图3-1所示。

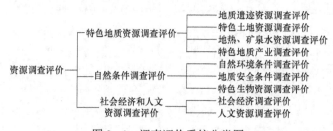

图3-1 调查评价系统分类图

一、特色地质资源调查评价

特色地质资源一般是指该村特有的地质景观或地质文化，是申报和建设地质文化村的基础。一般来说，某个村要创建地质文化村，那么该村特有的代表性地质资源是比较清晰的某一类型，例如以丹霞为特色的九居谷地质文化村、以奇石为特色的河南石场至文化村、以富硒土地为特色的江西高滩地质文化村。以上这些地质文化村的申报与建设都是以其村庄内极具特色的地质资源为基础的。另外，某一村庄的特色地质资源还不是很明确或者是由两类或两类以上的资源综合，例如某个村庄可能既有典型的富硒土地资源，同时还兼具了丹霞地貌或火山地貌等其他类型的资源，这些特色资源需要在详细调查评价的基础上确定。只有进行了详细的调查评价，才有可能更全面、更深层次地挖掘村（镇）的地质文化要素。

特色地质资源调查评价可进一步细分为地质遗迹资源调查评价，特色土地资源调查评价，地热、矿泉水资源调查评价，特色地质产业调查评价。这四类特色地质资源调查工作的目的、调查评价内容和调查方法介绍如下。

（一）地质遗迹资源调查评价

地质遗迹资源是地质文化村特色地质资源中最普遍的一类资源。按照《地质遗迹调查规范》（DZ/T 0303—2017）中对地质遗迹的定义，地质遗迹（geoheritage）是在地球演化的漫长地质历史时期，在各种内外地质作用下形成、发展并遗留下来的珍贵的、不可再生的地质现象。

对该类资源进行调查评价的目的是查明村（镇）地质遗迹资源特征及其科学价值、美学价值和经济价值，为科普、研学、旅游等特色地质文化产品开发提供资源基础。调查评价的主要内容包括：调查村（镇）地质遗迹资源的类型、分布、规模、形态、地质特征、保护利用现状等，分析研究其地质背景、成因及演化，评价其综合价值，提出景观开发和地学科普建议。主要的工作方法是资料收集和野外调查，例如需要收集村（镇）及周边相关地质调查成果，按照《地质遗迹调查规范》（DZ/T 0303—2017）的要求对村（镇）的地质遗迹资源特征等进行调查，填写"地质遗迹资源调查表"。

（二）特色土地资源调查评价

特色的土地资源一般是指土壤中富含某些有益的化学元素，如富硒土地等。该类土地资源可以生产出一些特色农产品，借此打造以特色地质农业为主题的地质文化村。

该类资源调查评价的目的是摸清村（镇）优质特色土地资源特征，分析土地资源利用潜力，为有效利用优质特色土地资源、开发特色农产品提供科学依据。调查评价的主要内容包括：调查村（镇）富硒、富锌、绿色无污染等优质特色土地资源的元素组合与含量、空间分布、规模和利用现状，调查农作物品种、产量以及富含有益元素情况，做出适宜性评价。主要工作方法为收集村（镇）及周边国土空间规划、土地资源调查等资料，参照《土地质量地球化学评价规范》（DZ/T 0295—2016）、《天然富硒土地划定与标识》（DZ/T 0380—2021）等标准，开展优质特色土地资源调查评价，采集土壤和农作物样品进行测试，填写"特色土地资源调查表"。

（三）地热、矿泉水资源调查评价

地热和矿泉水资源一般是指由于地球的内动力地质作用，如火山或岩浆作用或其他构造作用导致形成地下热源而形成的带有高于正常地面平均温度的热水资源或富含一定有益矿物质的泉水资源等。

该类资源调查评价的目的是调查评价村（镇）地热、矿泉水资源现状和开发利用潜力，挖掘可供地质文化村（镇）开发利用的地热、矿泉水或温泉资源。调查评价的主要内容为：重点调查村（镇）天然出露泉以及地下热水出露位置、水量、水温及用途等，特殊类型矿泉水还需调查特殊离子含量，查明水资源利用现状，评价不同水资源的可利用方式及可持续性。主要工作方法为收集村（镇）及周边水文地质、工程地质及水利等相关调查资料，采集水样并进行测试分析，填写"地热、矿泉水资源调查表"。

（四）特色地质产业调查评价

这里的特色地质产业一般是指与地质有关的非自然原因形成的产业或文化，如与观赏石、宝玉石生产加工或展览销售有关的产业及文化，或者与特定的地质勘探技术有关的产业及文化现象或资源等。

该类资源调查评价的目的是对于具有观赏石、宝玉石生产加工与展览销售等地质特色产业的村（镇），开展地质特色产业调查，为创建"地质+创新创意"类地质文化村（镇）挖掘可利用的产业发展资源和创新创意资源。调查评价的主要内容包括：重点调查村（镇）地质特色产业的类型、规模、发展历史、特殊工艺流程及上下游产品等，评价地质特色产业的发展、创新潜力，提出进行地学科普、产业文化开发利用等方面的建议。主要工作方法为收集村（镇）地质特色产业发展现状资料，通过实地调查、分析及综合研究，填写"地质特色产业调查表"。

二、自然条件调查评价

自然条件调查评价的目的主要有两个：一是调查评价村镇发展和建设地质文化村的基础条件，自然环境如何、有无地质安全隐患和其他自然灾害等；二是继续挖掘除地质因素之外的其他特色自然资源类型，如优质的空气、生态环境或气象景观等其他旅游资源。

自然条件调查评价可进一步细分为自然环境条件调查评价、地质安全条件调查评价、特色生物资源调查评价。

（一）自然环境条件调查评价

自然环境条件调查评价的目的是掌握村（镇）自然环境的主要特点和演化历史，挖掘可供开发利用的优质自然环境，提升地质文化村（镇）的吸引力。调查评价的内容包括：调查村（镇）空气质量（负氧离子浓度）、植被覆盖率、气象景观（云海、雾凇、冰瀑、星空），评价不同季节的特色景色优美度和优势特点，提出可供利用的资源特色和时间节点等。调查水源类型、水质、水量、用途等，评价不同水资源的可利用方式和可持续性。主要工作方法包括收集、调查村（镇）及周边自然地理、气候条件、气象景观、植被、环境舒适度、水资源等情况，填写"自然环境条件调查表"。

（二）地质安全条件调查评价

地质安全条件调查评价的目的是掌握村（镇）的环境地质问题类型、分布范围及危险性，提出防治对策建议，保障地质文化村（镇）建设及发展安全。调查评价的内容包括调查村（镇）主要环境地质问题（如地质灾害、地方病、水土污染等）的类型、位置、分布范围及威胁对象等，评价不同环境地质问题的风险，提出防控对策和建议。主要工作方法为收集村（镇）及周边环境地质、灾害地质相关资料，开展地质环境调查，填写"地质安全条件调查表"。

（三）特色生物资源调查评价

特色生物资源调查评价的目的是摸清村（镇）特色生物资源，丰富村（镇）特色资源类型，服务地质文化村（镇）建设发展。调查评价的内容包括调查村（镇）典型特色动植物种属、保护级别、基本特征、分布区域及保护利用现状等，针对有特殊用途的植物给予简单说明，提出保护和利用建议。主要工作方法为系统收集村（镇）及周边动物、植物相关资料，开展典型动植物（如珍贵保护动植物、特色名贵中草药、景观植物、特色动物等）等特色生物资源的补充调查，填写"特色生物资源调查表"。

三、社会经济和人文资源调查评价

社会经济和人文资源调查评价的目的有两个：一是掌握村（镇）的社会经济状况和评价创建地质文化村（镇）先天条件的优劣；二是通过人文资源的调查进一步摸清村（镇）的特色资源，以便与地质文化充分融合和开发建设。

（一）社会经济调查评价

社会经济调查评价的目的是掌握村（镇）社会经济状况，综合评价村（镇）发展潜力和地质文化村（镇）建设发展的可持续性。调查评价的主要内容包括：调查村（镇）的地理交通、规模（包括户籍人口、常住人口、人口结构）、收入情况、主要收入来源、基础设施（包括道路交通、用水用电、卫生等）、服务设施（住宿、餐饮等）、房屋特征、产业情况等，评价各类设施的特色和开发利用潜力，提出利用、改造、建设建议。主要工作方法为资料收集和实地调查，即收集村（镇）交通、人口、统计年鉴等相关资料，开展村（镇）社会经济实地调查，填写"社会经济调查表"。

（二）人文资源调查评价

人文资源调查评价的目的是掌握村（镇）人文资源特点和发展历史，建立人文资源与自然资源之间的协同发展关系，充分挖掘人文资源开发利用潜力，丰富地质文化村（镇）内涵。调查评价的主要内容包括调查村（镇）革命遗址、祠堂、庙宇、牌坊、碑、塔、特色服饰等物质文化资源的类型、特征，以及农业活动、民俗活动、特色饮食、文学作品、民间歌谣等非物质文化资源的类型、特征，查明各类资源保护利用现状，评价不同人文资源的独特性、稀有性，分析不同人文资源的历史渊源，提出利用方式及开发前景。主要工作方法为资料收集和实地调查，即收集村（镇）及周边历史文献、地方志等相关资料，开展村（镇）建筑、社会风情、文学艺术等人文资源实地调查，填写"人文资源调查表"。

第二节　九居谷资源调查评价

在九居谷地质文化村的资源调查评价工作主要由甘肃省地矿局三勘院完成。该院近年来承担完成了包括临潭冶力关地质公园遗迹调查和部分市州的古生物化石资源调查工作，还承担了甘肃省内大量的基础性地质调查工作，是一支专业的地质勘查队伍。

一、特色地质资源

由于九居谷地质文化村创建主要依托了村内发育的形态各异的丹霞地貌景观资源，因此其特色地质资源主要包含了《指南》中给出的四类特色地质资源中的地质遗迹资源这一类型，特色土地，地热、矿泉水和特色地质产业这三类资源较贫乏，不做详细调查。

（一）地质遗迹类型

通过地质遗迹资源的调查，按照中国地质调查局《地质遗迹调查规范》（DZ/T 0303—2017）的分类，九居谷的地质遗迹资源包含基础地质类、地貌景观类、地质灾害类3个大类，6个类，11个亚类（见表3-1）。

表3-1 九居谷主要地质遗迹资源分类表

大类 （Ⅰ）	类 （Ⅱ）	亚类 （Ⅲ）	主要景观	数量
基础 地质类 地质 遗迹	地层 剖面	地质事件 剖面	山庄北河口群粒序层理、山庄北砂岩、麻家寺粒序 层理、小梨岠基本层序	4
	构造 剖面	不整合面	坡底下河口群与麦积山组不整合接触界线、九居谷 二叠系与新近系不整合接触面	2
		断裂	九居谷二叠系与白垩系断层接触带、九居谷东坡二 叠系与白垩系断层接触面	2
地貌景 观类地 质遗迹	岩土体 地貌	碎屑岩 地貌	骆驼西行（石柱）、小梨岠丹霞绝壁、坡沟下丹霞峰 丛、坡沟下石柱（鲁班崖）、红道梁岭脊形山丘、九居 谷波浪石、九居谷绝壁（刀光剑影）、九居谷石柱（新 媳妇崖）、九居谷钟状丹霞（禹王崖）、九居谷石穴地 貌、九居谷石峰（伤心石）、二道沟石柱（一吻定情）、 二道沟时钟（母子钟）、二道沟石堡丹霞（寿仙桃）、 二道沟石崖（猛犸象）、二道沟赤壁（懒猴西眺）、二 道沟北绝壁（乌贼伏击）、二道沟赤壁长崖、二道沟岩 塔（阴元石）、二道沟石钟（春柱石）、二道沟围谷（母 子崖）、二道沟方山（蘑菇崖）、二道沟赤壁（丹书铁 卷）、二道沟峡谷（一线天）、二道沟石穴（千疮百孔）、 二道沟石墙（军舰启舱）、二道沟丹霞长崖、二道沟岩 峰（丹顶红）、二道沟石塔（老龟闲游）、二道沟石峰 （小珠峰/千层峰）、二道沟西赤壁（尖烧崖）、二道沟西 小沟泉、坡沟下石柱、坡沟下刀砍崖、坡沟下东绝壁、 九居谷石柱群（剑龙石）、九居谷石墙（犀牛望月）、 九居谷石柱（史努比）、九居谷石墙（奈何桥）、九居 谷断崖（恶人崖）、九居谷丹霞赤壁、九居谷三界石石 洞、九居谷弧峰、九居谷（双桃崖）、头道沟方山丹霞、 头道沟丹霞峰丛、头道沟石穴、头道沟堡状丹霞、头 道沟赤峰（小象山）、头道沟石峰（三包山）、头道沟 绝壁、坡沟下赤峰（鹰猴争斗）、坡沟下堡状丹霞（小 麦积）、坡沟下石台（莲花台）、裴家窑岭脊形山梁、 裴家窑村石墙（长颈鹿崖）、裴家窑石堡、坡底下绝壁、 坡底下石梁（神龟崖）、坡沟下石穴（巨舰出迹）、坡 沟下石钟、坡沟下石崖（法老崖）、坡沟下石墙、坡沟 下石柱（导弹峰）、坡沟下石柱（宝塔峰）、坡沟下石 堡丹霞地貌、坡沟下绝壁、九居谷石墙、九居谷峰丛、 九居谷石门、坡沟下石崖（大鲸打盹）、坡沟下石柱（破 土石）、九居谷石堡（太师椅）、坡沟下赤壁长崖、九	113

续表

大类（Ⅰ）	类（Ⅱ）	亚类（Ⅲ）	主要景观	数量
地貌景观类地质遗迹	岩土体地貌	碎屑岩地貌	居谷石墙（剑鱼崖）、九居谷围谷（麻雀崖）、三道沟石牙、坡沟下石墙（空瓶崖）、三道沟石堡、三道沟石堡（飞碟峰）、三道沟三峰丹霞、三道沟绝壁丹霞（千层崖）、三道沟石堡、坡沟下绝壁、坡沟下石柱（双菇峰）、坡沟下石柱（神铜峰）、坡沟下石槽、坡沟下北东石堡（小莲花崖）、坡沟下北东赤壁（恐龙崖）、坡沟下双神山、坡沟下绝壁、坡沟下石堡（捆仙崖）、坡沟下长崖、坡沟下赤壁丹霞（火石岩）、小梨屲赤壁丹霞、小梨屲特色绝壁（变形金刚）、小梨屲绝壁（红蟾崖）、小梨屲石穴、坡沟下绝壁长廊、九居谷石石梁（奇峰崖）、九居谷陡崖（千穴崖）、九居谷东石墙（小京巴）、九居谷第四系阶地、小梨屲丹霞地貌（血坡）、小梨屲小绝壁、小梨屲山梁（三指梁）、岭脊形山梁（三分天下）、山庄岩洞、岭脊形山梁（北龙）、山庄丹霞赤壁（赤壁楼阁）、山庄村丹霞方山、彭家阳坡丹霞绝壁、老湾里绝壁、麻家寺绝壁	113
	水体地貌	湖泊、潭	九居谷南潭	1
		瀑布	坡沟下瀑布、三道沟瀑布、小梨屲瀑布	3
		泉	坡沟下泉、坡底下泉、二道沟西小沟泉、小梨屲泉（小心眼）、小梨屲、火石沟北泉、头石沟泉眼（妖魔池）、麻家寺泉	8
	构造地貌	飞来峰	九居谷飞来峰	1
		峡谷（断层崖）	坡底下峡谷、四店峡谷、二道沟峡谷、二道沟小围谷、坡沟下东谷（仙女谷）、小梨屲南峡谷、韩家峡谷、头道沟峡谷、头道沟围谷、坡沟下围谷（天之坑）、九居谷围谷、三道沟围谷（绿谷）、三道沟峡谷（U形峡谷）、坡沟下围谷、坡沟下北峡谷、小梨屲东围谷、火石沟峡谷、崖湾里围谷、麻家寺峡谷、四店北峡谷	20
地质灾害类地质遗迹	地质灾害	崩塌	九居谷崩塌地质灾害遗迹、小梨屲崩塌、九居谷东崩塌体（钢盔石）、九居谷东崩塌	4
		泥石流	坡沟下泥石流	1

（二）典型地质遗迹特征

九居谷最典型的地质遗迹资源是地貌景观类地质遗迹，该类资源分布广泛，科学价值和美学价值高，是九居谷内主要的地质遗迹，主要类别有岩土体地貌、水体地貌、构造地貌等类型。此外，九居谷内还有地层剖面类、构造剖面类、地质灾害类等地质遗迹资源。

1. 岩土体地貌类

九居谷导向性的地貌景观为碎屑岩地貌中的丹霞地貌，主要产出于上白垩统麦积山组陆相红色砂砾岩中，以"顶平、坡陡、麓缓"为特征，广泛发育石柱、石钟、石堡、石墙、石峰、方山、绝壁、石柱、风蚀穴等类型，多集中分布于九居谷中游坡沟下村附近，一步一景。尤其是在流水侵蚀作用下形成的石柱地貌更是造型奇特、幻化无穷，令人联想翩翩，代表性的造型景点如鲁班崖、新媳妇崖、一吻定情和宝塔峰等（见图3-2）。

（a）鲁班崖

（b）新媳妇崖

（c）一吻定情

（d）宝塔峰

图3-2　九居谷部分典型岩土体地貌景观

在对这些地质遗迹的调查评价中需要准确记录测量地质遗迹点的位置、产状、产出地层、规模大小、色彩等。几个有代表性的地质遗迹点特征如下。

（1）鲁班崖

鲁班崖位于坡沟下村正南约 100 m 处。该石柱高 80～100 m，下部直径约 30 m；顶部呈锥状，中下部横截面呈正方形，表面岩层层理清晰，倾角平缓，约 4°；表面较光滑，一般呈褐红色，在不同光照条件下，色彩变化较大，极为奇特。该石柱经风化沿层理形成凹槽，传说是鲁班用绳自异地背移至此地留下的勒痕，故名"鲁班崖"。构景岩层为白垩系麦积山组紫红色砂砾岩，由该处岩层发育走向为 5° 和 230° 的两组节理，经流水侵蚀和风化侵蚀作用而成。

（2）新媳妇崖

此遗迹点独立产出，位于九居谷中游东侧谷坡，靠谷底一侧底长 50 m，高约 60 m，裙部高约 30 m，周围被松散的第四系坡积物和植被所覆盖。岩石表面较光滑，发育三道间距相等的垂直节理；顶部呈锥形，无植被生长，形似人脸，眼睛、鼻子和嘴部较为清晰，眼睛睁开，向西南眺望远方；裙部呈圆形，好似身怀六甲。此景点为当地村民根据古代新媳妇请命大禹的神话传说而命名为"新媳妇崖"。从侧面近看此遗迹点新媳妇形象清楚，右手下垂，脖子有护颈，胸部挺起，人物形象特征很明显。景点岩石表面由于有黑色的苔藓，因此使岩石有些发暗，总体色调呈浅紫红色。新媳妇崖为半身像，整个人物形象有气势，宏伟而高大，侧对着北侧的禹王崖，尽显娇羞。总体成景岩石为麦积山组紫红色砾岩层。该地质遗迹的成景原因是流水冲蚀和沿垂直节理面差异性风化剥蚀。

（3）一吻定情

该遗迹点位于二道沟的北侧，发育有一石柱，耸立在山梁上。石柱宽 50 m，高约 40 m，中间沿裂隙裂开，裂隙呈弧形，石柱整体形似一个女孩和男孩的头部。石柱左侧为女孩的头部，宽度为 20 m。从侧面看，女孩脸部清秀，边部线条圆润，形似女孩的一头青丝长发。右侧为男孩的头部，宽度为 30 m。男孩头部浑圆，顶部发育稀疏而低矮平整的植被，形似男孩留着的小平头，显得男孩充满精神和活力。似男孩头部的石柱中部发育有石穴，形似男孩的耳朵。两石柱紧密挨在一块，面对面，形似接吻，别有一番风趣。该成景地层为白垩系麦积山组紫红色砂砾岩层，成景原因为岩石差异性风化和沿节理面岩石破碎。

（4）宝塔峰

宝塔峰是在坡沟下村西向小沟中发育的一小型石柱。石柱高 20 m，宽约

7 m，呈扁平状；走向南北，其两侧为圆弧状，表面较圆润和光滑；西侧有零星植被生长，东侧植被较少，中部有宽 50 cm 的条带形突起，突起高 20～30 cm，为沟沿的节理面。其周围是植被较密的小山，山高 70 m。小山东侧长约 50 m，坡度较缓，西侧较陡。石柱位于小山的最高处，远远望去，好像山上的小塔，因此命名为"宝塔峰"。成景地层为白垩系麦积山组，成景原因是风化剥蚀和流水冲刷侵蚀。

九居谷内的岩土体地貌景观资源以碎屑岩类型的丹霞地貌为主，从形态学上又可分为石柱、石钟、石堡、石墙、石峰、赤壁丹崖、方山和石穴等。

2. 水体地貌类

九居谷水体地貌不发育，以泉为主，其次为瀑布、潭等，规模均较小，水流量较小，水温普遍较低，但水质清澈、味甘甜。部分泉水同时也是附近村民主要的生产生活用水来源。在调查评价过程中需要详细测量和记录水体的位置、出水量、流速、外观等内容。下面以九居谷几个有代表性的水体地貌（坡沟下泉、小梨沠泉、坡沟下瀑布和九居谷南潭，见图 3-3）的调查记录为例进行说明。

（1）坡沟下泉

在坡沟下村南侧水泥路边发育两个泉眼，相距约 20 m，泉眼均被人工覆盖（见图 3-3（a））。北侧泉眼水流量约 3 L/min，南侧泉眼水流量较小，约为 1 L/min，两泉水温约 6 ℃，水质清澈。两个泉眼周围发育大量青苔，另外还利用泉水修建了三处景观水池，其中的两个命名为"金蟾池"和"鹿鸣池"，两处泉推测均为上升泉，泉眼周围岩层为白垩系麦积山组砂砾岩。该资源点为九居谷内少有的水体景观，可作为游客休憩、摄影之地。

（2）小梨沠泉

该泉位于九居谷沟脑东侧山坡上，距沟约 50 m，泉眼出露面积 4 m²。该处有两个泉眼，北侧泉眼水流量大，约为 3 L/min，东侧泉眼水流量较小，约为 1 L/min。该处泉眼向下汇集成圆形的积水水坑，在南侧无减小水沟流出，水质清澈，水坑深 2 m，水坑中有淤泥和碎石及沙土。该处泉眼附近是小凹处，泉眼北侧为一小坡陡壁的下降泉眼，四周为低矮的灌木和草木植被，风景优美。该资源点成景地层为白垩系河口群砂砾岩，成因为地表水下渗，沿岩石裂隙渗出（见图 3-3（b））。

（3）坡沟下瀑布

在九居谷中游沟谷底部有一小型瀑布景观，被命名为坡沟下瀑布（见图 3-3（c））。瀑布宽约 2 m，落差约 5 m，水质清澈，水流量为 5 L/min，向南形成约 100 m 长的小型峡谷，峡谷两侧山坡植被发育。该瀑布是由人工截留形成的陡坎导致流水落差骤降而成。瀑布两侧岩层均为白垩系麦积山组砂砾岩。

（4）九居谷南潭

九居谷沟谷下游有一处水潭，被命名为九居谷南潭，出露面积约 80 m²，呈不规则状，长约 10 m，宽约 8 m，深约 1 m（见图 3-3（d））。潭水较浑浊，潭北侧有一小溪注入潭中，水流量约 10 L/min。该潭南侧为一人工修筑的挡水坝，坝高约 1.5 m，水泥浇筑，上面有碎石点缀，南、北两侧为天然土堤。该潭蓄水量较大，水面快漫过南侧人工堤坝。潭中可见少量水生动物，未见鱼虾。潭周围有稀疏植被生长。该潭为九居谷一带规模较大的水体，可开发利用的潜力较大。潭水承载地层为白垩系麦积山组紫红色砂砾岩层。该潭由流水侵蚀及后期人工改造而成。

（a）坡沟下泉 　　　　　　　　　　（b）小梨沄泉

（c）坡沟下瀑布 　　　　　　　　　　（d）九居谷南潭

图 3-3 九居谷部分典型水体地貌景观

3. 构造地貌类

构造地貌一般是指在地球内动力作用下形成的地形地貌，一般包括断层、褶皱、节理、峡谷、河流阶地、断层崖等。九居谷构造地貌以峡谷地貌居多，由众多丹霞绝壁组成的峡谷极为壮观，主要分布于九居谷主沟及东西两侧的支沟中。该类地貌景观在调查时需重点记录遗迹点的位置、形态、规模、外形等，此外还需对地貌遗迹形成的地质背景及机制做简要分析。下面对九居谷内几个重要的构造地貌遗迹点——九居谷峡谷、坡底下峡谷、坡沟下围谷（天之坑）和二道沟峡谷（一线天）——的调查特征做简要介绍（见图3-4）。

（1）九居谷峡谷

九居谷主沟为一典型的U形峡谷地貌，峡谷长约3.5 km，宽30～40 m，谷深250～300 m，在沟口附近峡谷较宽，沟谷中较多的是第四系冲积物松散状分布，由砂质、砾石组成，沟谷相对不太平缓，有一定的坡角，经人工改造可在沟中开垦种植花草和树木。沟中河床宽5～10 m，部分地段有溪水，水流量为250～300 L/min，沟边由于地壳拉升和下切，第四系砂砾石层形成高20～30 m的陡崖。第四系砂砾石层颜色为砖红色，松散堆积，向上为白垩系麦积山组砂砾岩形成的山坡或丹霞地貌，多孤立分布呈石柱、石堡、石墙等形状。峡谷走向呈南北向，略有弯曲，成景地层以白垩系麦积山组为主，其次为第四系及二叠系，主要由地壳差异性运动和下切作用而形成。

（2）坡底下峡谷

该峡谷位于坡底下东侧，风景优美，延伸方向350°，长度约600 m，谷深50～80 m，谷宽30～60 m，坡度近于直立。谷底为无水流通过的干沟。峡谷两侧为丹霞绝壁，颜色为褐红色。绝壁高30～40 m，谷坡上部有植被覆盖，下部为白垩系麦积山组砂砾岩露头。该峡谷因地壳抬升、流水侵蚀下切而形成，是典型的V形谷。

（3）坡沟下围谷（天之坑）

该谷为圆形山谷，谷底直径为100 m，谷口直径为300 m。此处四面环山，只在正东有一小沟。围谷下部为第四系坡积物和植被覆盖，沟口附近被开垦为农田，下部形成约40°的缓坡。围谷岩壁高20～70 m，正西和北侧较高，东侧最低。该围谷四周山梁较尖，其上有稀疏的植被覆盖，岩壁为紫红色的砾岩，岩石裸露，沿层理面凹槽较多，为风化剥蚀残留，凹槽长20～30 m，宽3～30 cm，部分较深，形成岩穴，深度为3～10 cm，岩壁较光滑。在围谷西侧岩壁上有4条节理，呈直立状或南倾，倾角为65°。此围谷有独特的丹霞地貌特征，且形态为圆形，面积较大，并且行人能在西侧山坡小路上拍照留念，成景地层为白垩系麦积山组砖红色砾岩。

（4）二道沟峡谷（一线天）

该峡谷谷口宽 40 m，向里长约 200 m。向里越走越窄，最后形成陡立的绝壁，沟延伸方向为 20°。沟口植被茂盛，有野桃树、红果树、野杏树等灌木杂草。峡谷两侧为高 40～50 m 的绝壁，近于直立，难以攀登。南侧绝壁较平直，顶部弯曲向上，北侧绝壁弯曲，顶部较平缓，绝壁上植被稀少。该峡谷的特点是两侧绝壁较高，峡谷口较宽，向里越走越窄，最后沟谷消失，沟内形成绝壁。该峡谷的成景地层为白垩系麦积山组砂砾岩，成景原因是外力的风化剥蚀和水流的下切作用。

（a）九居谷峡谷　　　　　　　　　　　　（b）坡底下峡谷

（c）坡沟下围谷（天之坑）　　　　　　　（d）二道沟峡谷（一线天）

图 3-4　九居谷部分典型构造地貌景观

4. 地层剖面类

地层剖面和构造剖面均属于基础类地质遗迹资源。地层剖面类遗迹一般指的是某地的地层具有一定的代表性，且出露良好，层序清晰，研究程度高。野外调查时需重点调查地层剖面的位置、分层、岩性组成及变化、地层产状等内容。九居谷典型的地层剖面——白垩系河口群（见图 3-5）的粒序层理调查记录如下。

河口群地层剖面位于九居谷中游沟东侧，岩石露头良好，形成一陡崖，岩石基本层序发育良好，剖面出露高 30 m，长 300 m，下部岩性为厚度大于 500 m 的砖红色泥质砂岩，中部为厚 2 m 的砖红色含砾中粗粒砂岩，最上部为厚度 3 m 的浅紫红色细砂岩，最上部为厚度大于 20 m 的中浅紫色～浅紫红色中砾岩，砾岩风化色呈灰色，砾石成分以灰岩和砂岩为主，夹有少量硅质岩。不同岩性界线较为清楚，接触面具有冲刷构造，层理面较平直，产状为120°∠20°。细砂岩抗风化差，形成凹坑，中细砾岩抗风化强，形成陡崖。该成景地层为白垩系河口群，成因为河流—湖泊相沉积。

图 3-5　小梨岇白垩系河口群地层遗迹

5. 构造剖面类

构造剖面类地质遗迹一般指的是具有典型的构造意义或能代表重大构造事件发生的地质遗迹，如断层剖面、不整合界线等。九居谷内重要的构造剖面为不同地层之间的不整合接触面。该类地质遗迹调查和记录的重点是遗迹点位置、剖面不同地层之间的接触关系、重要构造要素描述等。九居谷典型构造剖面——坡底下河口群与麦积山组不整合接触界线（见图3-6）和二叠系与白垩系断层接触带（见图3-7）的调查描述如下。

（1）坡底下河口群与麦积山组不整合接触界线

遗迹点上部地层为上白垩统麦积山组褐红色砂砾岩，下部地层为下白垩统河口群砖红色砂砾岩，二者呈不整合接触关系。麦积山组砂砾层由粗～细砾岩组成，砾石成分以灰岩、闪长岩、砂岩砾石为主。砾石为棱角状，磨圆度较差。砾石杂乱分布，没有定向性。砾石间以粗砂质充填，胶结物为泥质和钙质，胶结较好。河口群砖红色砂砾岩由砾岩、砂砾岩组成，砾石粒度较小，以 2～5 cm 为主，砾石磨圆性一般；充填物以砖红色粗砂、细砂为主，胶结较疏松，以泥质为主。

图3-6　坡底下河口群与麦积山组不整合接触界线

（2）二叠系与白垩系断层接触带

在九居谷下游西侧山坡上可见一条二叠系石关组与白垩系麦积山组的断层接触带，长度大于400 m，宽度为30 m。北侧岩性为麦积山组紫红色砾岩，呈块状，砾岩成分以砂岩、闪长岩为主，大小以2~5 cm为主，个别大于20 cm，呈次棱角状-次圆状，分选中等，磨圆一般，砾石含量35%~40%；填隙物为砂质泥质，以紫红色为主，钙质泥质胶结，产状为200°∠14°。灰岩呈浅灰-灰色，地表形成陡坎，岩石成分以钙质泥质为主，产状为185°∠45°，二者呈断层接触。接触面覆盖断层特征不清，断层产状为200°∠60°。

图3-7　九居谷二叠系与白垩系断层接触带

6. 地质灾害类

地质灾害类遗迹一般指对人类生存生活曾经产生过巨大破坏或存在潜在破坏和威胁的地质体，典型的如地震、滑坡、泥石流、崩塌、地裂缝等地质灾

49

害形成的地质体。该类遗迹调查需要详细记录遗迹点位置、规模、形态、物质成分、灾害发生时限或潜在威胁等。九居谷地质灾害类遗迹主要为崩塌（见图3-8）和泥石流（见图3-9）。

图3-8　九居谷崩塌遗迹

图3-9　九居谷泥石流遗迹

（1）九居谷东崩塌体（钢盔崖）

在九居谷中下游东侧支沟中可见一崩塌体，呈不规则圆球状，直径约2 m。上部向内凹陷，下部与第四系坡积物分界明显。该岩块表面光滑，呈褐红色，岩性为复成分中砾岩。砾石成分有砂岩、灰岩和花岗岩等，大小不一，砾径在1～4 cm之间，多呈棱角状、次棱角状，分选和磨圆度均较差，显示其快速堆积的特征。该崩塌体形态不规则，上部内陷，中部圆滑，底部呈弧形，形似一顶钢盔斜放，故命名为"钢盔崖"。该崩塌体岩层为白垩系麦积山组。此处为支沟上游陡坎处，岩石受风化作用及其他诱因崩落而成。

（2）坡沟下泥石流

在坡沟下村南侧约 300 m 处可见一泥石流地质灾害体。该泥石流出圳面积 300 m², 沿东西向支沟沟口呈不规则扇状堆积。泥石流的组成主要是大小不一的砾岩岩块、黏土及细砂等。该泥石流形成一高约 3 m 的陡坎, 截面凹凸不平, 局部悬空, 有崩落的潜在隐患。

(三) 地质遗迹分布特征及规律

根据《指南》要求, 在对地质遗迹充分调查的基础上, 需要对拟建地质文化村(镇)地质遗迹资源的分布特征及规律进行分析研究。

九居谷地质遗迹类型较为丰富, 主要以碎屑岩地貌中的丹霞地貌为主, 是九居谷最具典型性、科学性和观赏性的地质遗迹景观, 而且分布面积大、范围广, 空间上具有明显的分带性, 具体分布规律如下。

九居谷南部一带主要为丹霞地貌分布区, 丹霞地貌主要沿九居谷峡谷两侧山脊及山坡呈带状南北向分布, 东西向分布宽度约为 2 km, 南北向分布长度约为 3 km。丹霞地貌这种带状分布特征很大程度上受控于该地区的区域构造, 区内南北向节理控制了砾岩层中最为发育的南北向沟谷, 而北东向节理和北西向节理则控制了砾岩层中次级沟谷。南北向节理明显截切了北东向节理和北西向节理。九居谷北部为构造地貌和地质剖面地质遗迹分布区, 主要分布于麻家寺一带, 这些地质遗迹资源明显与区域构造线方向保持一致, 大致呈东西向分布。

(四) 九居谷丹霞地貌形成及演化

九居谷地质文化村创建的基础地质遗迹是色彩鲜艳、形态各异的丹霞地貌。早在 1938 年, 陈国达先生在广东省韶关市从事地质调查时, 为色如渥丹、灿若明霞的丹霞山所震撼, 由此提出"丹霞山地形"的概念。1961 年, 黄进先生在编制"广东省地貌图"时, 进一步提出了"丹霞地貌"的概念。后来, 经过我国著名地质学家彭华等数十年的调查研究, 到了 20 世纪末, 丹霞地貌的概念才逐渐清晰起来[1]。所谓丹霞地貌, 是指由红色陆相碎屑岩构成的赤壁丹崖地貌, 具有顶平、身陡、坡缓的特征。丹霞地貌在全国及整个西北地区都较为发育, 甘肃省内较著名的丹霞地貌有张掖冰沟丹霞地貌和平山湖丹霞地貌。图 3-10 给出了典型丹霞地貌的基本特征。

① 孙新春, 李小强, 仲新, 等. 张掖地质公园彩色丘陵成景机制研究. 兰州: 甘肃科学技术出版社, 2019.

图 3-10 典型丹霞地貌的基本特征

1. 成景条件

形成丹霞地貌的条件：一是具备一定的成景地层，丹霞的成景地层多为中生代的红色陆相碎屑岩，这类地层一般含可溶性的碳酸盐和硫酸盐类，且产状平缓，垂直节理发育；二是地质作用，主要是流水侵蚀、重力崩塌等外动力地质作用；三是地貌特征，表现为顶平、身陡、坡缓的赤壁丹崖的柱状、方山状、城堡状、峰丛状、峰林状等引人入胜的奇特景观。

（1）物质基础

九居谷内的麦积山组地层是丹霞地貌的主要成景地层。麦积山组为一套沉积厚度达 580 多 m 的砾岩层，其层理面多呈近水平或缓倾斜，砾岩层主要为暗红色-砖红色-浅红色薄层-中层状，从底部到顶部分别为：暗红色中层状砾岩层，含炭屑、灰岩、石英砂岩等；暗红色薄层-中层状含砾粗砂岩，含有石英颗粒；砖红色薄层状粗砂岩；浅红色薄层状细砂岩，含植物根系、生物孔洞。从底部到顶部，砾石逐渐由粗变细，反映了砾石的正向沉积序列。在极度干旱环境下充分氧化沉积的地层表现出鲜艳的紫红色，这为形成丹霞地貌提供了必备条件。

（2）构造基础

九居谷内仅发育一条区域性断裂，即漳县-车厂断裂，该断裂是西秦岭北缘断裂带中段主要断层之一，是一条典型的多期变形的脆性断层，地层总体向南东或北西倾斜，但倾角较小，一般不超过 20°。岩层主要发育 4 个方向的构造节理，即南北向（0°）、近东西向（282°）、北东向（42°）和北西向（330°），其中南北向节理和近东西向节理近似直立，倾角在 75°～85° 之间，而北东向节理和北西向节理倾角相对较缓，在 55°～65° 之间。通过对节理面上擦痕线理、阶步和砾石错断等运动学标志进行观测，发现南北向节理呈右旋，而近东西向节理呈左旋，具有共轭节理组合特征；北东向节理呈左旋，而北西向节理呈右旋，构成第二组共轭节理组合。第一组南北向和近东西向共轭节理，特别是南北向节理控制了砾岩层中最为发育的南北向沟谷，而北东向节理和北西向节理则控制了砾岩层中次级沟谷。南北向节理明显截切了北东向节理和北西向节理。因此，北东向和北西向共轭节理为第一期变形，而南北向和近东西向共轭节理为第二期变形。九居谷内主要峡谷、河流、悬崖峭壁受四组节理控制，区域性的断裂和不同方向的节理构造是该地区丹霞地貌形成的构造基础。

（3）岩层力学强度差异性和重力

由于九居谷岩层力学强度的差异性，当砾岩的底座"柔弱岩层"被剥离、侵蚀掏空后，悬空砾岩成为不稳定岩体，在自身重力作用下演变成"危岩"，并沿构造裂隙面发生崩塌，形成悬崖峭壁景观。如麦积山组，中上部为厚层状砾岩、砂砾岩夹含砾粗砂岩，下部为粉砂质泥岩夹长石砂岩，相对而言，粉砂质泥岩为"柔弱岩层"，在流水和风等多种作用下风化，在初期形成岩槽、岩腔等，进一步崩塌就形成绝壁景观。

（4）气候条件

九居谷晚白垩世的气候比较炎热干燥，氧化反应剧烈，所以山间盆地沉积物多为红色，且以钙质胶结为主，形成红层，奠定了物质基础。第四纪以来的气候演变，使本区温和湿润，四季分明，冬冷无严寒，夏热无酷暑，雨热同季，光照充裕，降雨丰沛，沟道密布，为流水切割、风化剥蚀提供了适宜的外力条件。

2. 成景过程

九居谷丹霞地貌形成过程分为地层沉积与抬升阶段、垂直节理发育阶段、风化剥蚀阶段、剥蚀搬运阶段四个阶段。

（1）地层沉积与抬升阶段

中生代以来，该地区为一断陷湖盆，在区内沉积了厚达580多m的红色砂砾岩层。自中新世末喜马拉雅运动中期以来，九居谷所在区域受青藏高原隆升的影响，其周缘经历了多期次强烈的构造运动，而地壳经过不断的抬升、风化、剥蚀后形成了最终的九居谷现状。九居谷一带麦积山组和河口群地层形成后，与西秦岭主体共同经历了长期的侵蚀夷平，并形成了统一夷平面。

（2）垂直节理发育阶段

巨厚的白垩系地层沉积后，在区域构造应力作用下产生了四组走向不同的节理，即南北向（0°）、近东西向（282°）、北东向（42°）和北西向（330°），其中南北向节理和近东西向节理近直立，倾角在75°~85°之间，这对该地区丹霞地貌的形成起着决定性的作用，原来完整的巨厚砾岩、砂砾岩受垂直节理的

53

分割，形成了众多呈方块状或棱块状的巨型岩块，但此阶段它们仍然相对是一个整体，彼此并没有分离。

（3）风化剥蚀阶段

纵横交错的节理为风化作用提供了良好的条件，节理裂隙面是流水下渗侵蚀的最好通道。由于本区温暖多雨，富足的水热条件，加剧了植物根劈、流水切割、冰涨冻融等沿节理进行的风化或侵蚀作用的强度。节理面受到侵蚀而逐渐拓宽加长，在漫长的地质年代中这种地质作用不断地进行，致使完整的岩石被破坏崩解，尤其在节理密集的地方破坏更为严重，这便是丹霞峰林地貌发育的重要原因之一。风化作用对垂直节理的影响是：先发育狭长而窄深的沟槽，沟壁平直陡峭，其走向与垂直节理走向相同，其陡壁坡度也与垂直节理相近。在深沟形成后，流水会继续下切侵蚀，而陡壁则沿垂直节理发生崩塌而不断平行后退，使深沟进一步加深拓宽发展成为较大的山涧山谷。这个过程若发生在山体或者岩石内部，就会使山体逐渐遭受切割、破坏，使局部山体的面积和体积逐渐变小；这个过程若发生在山体外缘，则会使整个山体逐渐缩小，演化成峰、崖、岭、丘等单体或群体组合，加之"赤壁丹崖"的色泽感，便形成了丹霞地貌的雏形。

（4）剥蚀搬运阶段

流水侵蚀及风化作用使得山体不断崩塌缩小或成崖，并在山麓或崖脚处形成崩积物。但由于区内降水丰富，地表径流充足，随着时间推移，流水作用又会将这些崩积物荡涤殆尽，由此使得在节理密集的地区山体脱颖而出、拔地而起，成为突兀峋嶙、险峻秀丽的石柱、孤峰等地貌，在节理稀疏处，岩石被破坏程度较轻，保存下来的是方山式的地貌类型。此阶段是丹霞地貌最终成形的阶段。

3. 地貌演化模式

地貌的形成与演化大致可以分为幼年期、壮年期、老年期和消亡期四个阶段（见图3-11）。

首先，含红层的盆地抬升形成外流区，流水向盆地中部低洼处集中，沿岩层垂直节理进行侵蚀，形成两壁直立的深沟，称为巷谷，这属于丹霞地貌发育的幼年期。

接着，巷谷崖麓的崩积物在流水不能全部搬走时，形成坡度较缓的崩积锥。随着沟壁的崩塌后退，崩积锥不断向上增长，覆盖基岩面的范围也不断扩大，崩积锥下部基岩形成一个和崩积锥倾斜方向一致的缓坡。崖面的崩塌后退还使得山顶面范围逐渐缩小，形成堡状残峰、石墙或石柱等地貌。这一阶段大致为丹霞地貌发育的壮年期。

随着进一步的流水冲蚀、崩塌及风蚀等作用，已形成的堡状残峰、石墙和石柱等地貌进一步被支离，山顶的平缓坡面完全消失，堡状残峰被支离为石墙、石柱，高度渐矮，体积渐小。这个阶段崖麓缓坡的面积很大，缓坡之上由陡崖所包围的方山、岩峰等地貌已演变成零星分布的残峰、残柱、残堆。该阶段被称为地貌发育的老年期。

随着红层的不断抬升和进一步的流水侵蚀、崩塌及风蚀作用，零星分布的残峰、残柱、残堆变矮变小，直至完全消失，形成准平原状的缓坡丘陵。这个阶段，真正意义上的丹霞地貌已趋于消亡，因此被称为地貌演化的消亡期。

九居谷丹霞地貌的景观形态主要以石峰、石墙或石柱为主，据此判断其大致处于地貌演化的壮年期。

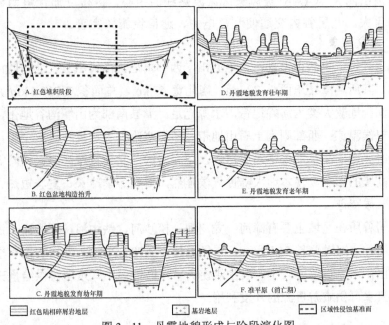

图 3-11 丹霞地貌形成与阶段演化图

二、自然条件

根据《指南》要求和方法，我们对九居谷的自然条件进行了调查评价。下面就九居谷的自然环境条件、地质安全条件和特色生物资源等方面的调查评价成果进行简述。

（一）自然环境

九居谷位于甘肃省南部，属外秦岭地槽（西端）与陇西地台（黄土高原边缘）两大地质构造单位的过渡地带，基本地貌类型为山地和丘陵。九居谷地势为西南高、东北低，最低海拔为 2 000 m，最高约为 2 574 m；整条沟近南北走向，水流汇入近东西向的漳河。九居谷因风景秀美、钟灵毓秀、山水相依、物产丰富而声名远播，被誉为陇上明珠。

1. 地理交通

九居谷位于甘肃省中南部漳县县城以西约 3 km，经连霍高速（G30）、兰海高速（G75）、国道 315、国道 212、省道 S209 可达漳县县城。漳县距定西市约 110 km，距兰州市约 200 km，距天水市约 180 km。整个景区处在遮阳山与贵清山两大 AAAA 级风景区旅游路线的中心，区位交通优势明显，旅游潜力巨大。九居谷内交通便利，电力、通信设施较完善。

2. 水文气象

九居谷位于定西市南部，东连武山，西邻卓尼，南靠岷县，北与陇西、渭源接壤。其所属漳县东西长 72 km，南北宽 57 km，总面积 2 164.4 km²，气候温凉湿润；地貌大类为河谷地带，水源充足。漳县南部为山塬沟谷地带，雨水较多，气候温凉；西部则为土石山地带，冬春寒冷少雪，夏秋温凉少雨，属高寒气候区。由于漳县地处中纬度内陆，距海遥远，又受青藏高原、秦岭等地形及蒙古高压的影响，使本地大陆性气候强烈，形成冬季冷长、夏季短热、冬干夏湿的气候特征。

九居谷所在区域主要有漳河、龙川河、榜沙河、铁沟河、胭脂河、黑虎河等较大河谷，河道总长 154.2 km，年径流量约 3.785 亿 m³。九居谷内有季节性流水产出，水流量总体较小，发生洪涝灾害可能性很小，水资源供给量充足，部分山泉水可供旅游资源的开发利用。

（二）地质安全条件

1. 地层

九居谷出露的地层有二叠系石关组、白垩系河口群及白垩系麦积山组、新近系甘肃群及第四系。

二叠系石关组分布于九居谷南侧，呈不规则椭圆状小面积产出，南与新近系甘肃群呈角度不整合接触，北与白垩系麦积山组呈断层接触。出露岩性主体为灰色微晶灰岩，底部为浅灰白色粗粒长石石英砂岩。

　　白垩系河口群则广泛出露于九居谷中北部，南侧在坡沟下村一带与白垩系麦积山组呈角度不整合接触。出露岩性以砖红色复成分中砾岩为主，底部出现红褐色含砾粗砂岩、粉砂岩等。

　　白垩系麦积山组作为九居谷丹霞地貌的主体，集中分布于九居谷的中南部，北侧与白垩系河口群呈角度不整合接触，南侧与二叠系石关组呈断层接触。出露岩性单一，均为褐红色复成分中砾岩，局部夹少量细砂岩，多呈巨厚层状、块状，砾石整体呈棱角−次棱角状，粒径为 1～5 cm，成分复杂，有紫红色中砂岩、细砂岩、灰白色花岗岩、青灰色硅质岩、紫红色细砾岩、灰白色石英脉等。总体来说，砾石分布杂乱，但局部有一定的成层性和规律性，局部成层性非常明显。

　　图 3−12 为九居谷白垩系麦积山组粗砾岩外貌及层序特征。

图 3−12　九居谷白垩系麦积山组粗砾岩外貌及层序特征

　　例如在九居谷南部沟口，调查组详细描述、记录了麦积山组的基本层序：从底到顶，砾石逐渐由粗变细，反映了砾石的正向沉积序列。由此说明，该区域沉积物在沉积过程中具有一定的沉积旋回，也显示其沉积过程具有一定的规律性。新近系甘肃群仅分布于九居谷南侧边缘及其外侧，底部与二叠系石关组呈角度不整合接触，岩性以松散胶结的浅红色灰绿色复成分砾岩为主，夹少量浅灰色泥质粉砂岩。

　　2. 构造

　　漳县处于青藏高原东北缘的祁连加里东造山带和西秦岭复合造山带的结合部位，是我国中央造山带中段重要组成部分。受造山带不同期次的活动影响，九居谷一带主要构造以断层为主，其次为节理。九居谷谷内发育一条区域性断裂（漳县−车厂断裂），该断裂是西秦岭北缘断裂带中段主要断层之一，是一条典型的多期变形的脆性断层，地貌上呈北西西向线状负地形。野外调查显示，该断裂大概有 3 期活动：第一期为向北北东陡倾的伸展正断层作用；第二期为向南南西倾的由南向北的逆冲断层作用；第三期为沿近直立断面左旋走滑作用。第一期伸展正断层作用起始于早白垩纪，可能持续到渐新世；第二期向北逆冲断层作用起始于渐新世初，可能持续到早第四纪；第三期左旋走滑断层作用起始于晚第四纪，持续至今。

九居谷砾岩内部发育的小型断层或构造节理面，导致九居谷内沟壑或大陡壁面的方向主要为南北向、北东向、北西向和东西向，其中南北向和北东向最为显著。南北向和近东西向为共轭节理，特别是南北向节理控制了砾岩层中最为发育的南北向沟谷，而北东向节理和北西向节理则控制了砾岩层中的次级沟谷。南北向节理明显截切了北东向节理和北西向节理。因此，北东向和北西向共轭节理较早，而南北向和近东西向共轭节理较晚。

以上资料显示，九居谷所处的气候环境相对温和，地质构造位置相对稳定，泥石流和地震等危害性气象灾害和构造运动发生的概率不大，适合旅游业的开发和建设。

（三）特色生物资源

通过详细的野外调查和已有资料的研究显示，九居谷特色生物资源主要为分布在谷内的一些古树名木（见图 3-13），部分古树资源特征如下。

（a）小梨岇五彩山林

（b）夫妻树

（c）坡沟下杨树林

（d）小梨岇古李子树

图 3-13　九居谷部分古树资源

1. 小梨岇五彩山林

小梨岇五彩山林位于小梨岇村，是一片风景优美的林地景观，面积约 0.5 m²，生长有柳树、白杨、梨树和一些灌木，柳树高 5～15 m，白杨高 3～10 m。秋天的时候，树叶呈现不同的色彩，有红色、黄色、紫色、绿色等，五彩缤纷，犹如进入童话世界，是休闲观光的好去处。

2. 夫妻树

夫妻树位于坡沟下村，是一株造型独特的杏树，其底部相连，上部分开为两个独立的树干，顶部枝繁叶茂、相互穿插，犹如一对夫妻相互依偎，共同面对岁月风霜，不离不弃，故名"夫妻树"。夫妻树高约 10 m，下部直径约为 30 cm，具有较高的观赏价值。

3. 坡沟下杨树林

坡沟下杨树林位于坡沟下村西侧山坡上，以杨树为主，树木生长茂盛，树干粗 5～10 cm。树林占地约 2 000 m²，整体风景优美，与出露的丹霞景观相得益彰，是一处绝佳的休憩、游玩场所。

4. 小梨岇古李子树

在小梨岇村东侧有一棵古李子树，树高约 15 m，树干粗约 0.5 m，树叉繁多，多数粗在 0.2 m 左右，均斜向上成伞形散开。树叶极为茂密，呈不规则状，直径约 0.03 m。根部几乎全部没于地下，目估树龄在 50 年以上。此树是附近山林中最粗壮的一棵树，盛夏之时，硕果累累，枝繁叶茂，独成一景。

三、社会经济和人文资源调查

（一）社会经济

通过查阅漳县县志及县政府近年来的年报等资料，对九居谷及漳县的人文及社会经济概况做简单介绍。

漳县古为《禹贡》雍州之地，先秦至东汉为犬戎、氐羌居所，至东汉章帝元年（76）始设立县，因战略地位重要被认为是汉王朝的"西陲屏障"而名障县。在魏、晋、南北朝时期仍为障县，到了唐武后天授二年更名为武阳县，属陇右道管辖，武德中期为吐蕃占据。北宋时期置盐川寨，金时期改寨为镇，元朝至元七年（1270）升镇置障县，明洪武年间因"漳水漾洄润地、宝井便民裕国"而改名漳县，清道光九年（1829）废县并入陇西县，民国二年（1913）复置漳县。1949年8月13日，漳县解放。1958年，漳县撤销并入武山县，至1961年，漳县重新独立出来至今。

九居谷及漳县居民主要有汉族、回族、藏族、东乡族等10个民族。2021年末，全县常住人口16.54万人，比上年末减少了0.15%；城镇常住人口5.74万人，乡村常住人口10.8万人。九居谷地质文化村有农户482户，1997人。2013年纳入建档立卡贫困户的有182户，846人，贫困率为42.8%，属于深度贫困村。至2020年末，贫困户及贫困人口已全部实现脱贫。现在九居谷地质文化村党支部共有党员46名，平均年龄46岁。党员在支部的带领下，坚持以"党建+旅游"引领乡村经济的发展。

2021年，漳县完成国民生产总值28.52亿元，同比增长8.2%；工业增加值4.89亿元，同比增长4.5%；规模以上工业增加值4.06亿元，同比增长1.2%。全县社会消费品零售总额完成6.64亿元，同比增长16.6%；完成一般公共预算收入19 507万元，同比增长18.2%。城镇居民人均可支配收入28 729元，比上年增长7.3%；农村居民人均可支配收入9 220元，比上年增长10.7%。2021年，全县粮食播种面积50.19万亩，同比增长4.78%；粮食总产量8.55万吨，同比增长4.78%；猪牛羊禽肉产量0.37万吨，同比增长11.23%，蔬菜产量6.51万吨，同比增长14.33%；药材产量2.47万吨，同比增长20.1%。

（二）人文资源

通过资料收集和实地调查结合，对九居谷所在村镇人文资源进行了调查。调查结果显示九居谷及其附属地内人文资源较为丰富，详见表3-2。

表3-2　九居谷其他景观资源

主类	亚类	基本类型	主要景观	数量
建筑与设施	人文景观综合体	建设工程与生产地	坡沟下梯田、麻家寺村梯田、彭家阳坡特色梯田、麻家寺特色梯田	4
		纪念、宗教、祭祀活动场所	麻家寺庙	1

续表

主类	亚类	基本类型	主要景观	数量
建筑与设施	特色镇、村（寨）	古镇、古村	山庄特色村寨、小梨圪特色村寨、坡沟下特色村落、麻家寺特色村庄	4
	实用建筑与核心设施	农林畜牧场所	四店黑山羊特色养殖基地、坡底下土鸡养殖基地	2
遗址遗迹	社会经济文化活动遗址遗迹	历史事件发生地	裴家窑遗址	1
生物景观	植被景观	林地	坡沟下杨树林、小梨圪特色风景林、小梨圪古李子树、老湾里杨树林	4

通过调查，在九居谷内发现了特色梯田景观 4 处，特色村寨 4 处，寺庙 1 处，特色养殖基地 2 处，遗址 1 处，主要人文景观特征如下。

1. 坡沟下特色村落

坡沟下特色村落位于坡沟下村，是一处具有北方乡村特色的村落，多为老式土坯房屋，屋顶覆盖青瓦，由中间向两边倾斜，倾斜角度约为 20°，部分墙体已经裂开，略显斑跎，仿佛为时间的印迹；房屋多有独立的院子，院子面积约 400 m²，具有较强的体验性。目前，该村落是九居谷地质文化村重点打造的景观资源。

2. 麻家寺古庙

麻家寺古庙位于麻家寺村后的小山坡上，该处有一占地面积约为 120 m² 的平台。古庙为三间平房，整体长约 15 m，宽约 4 m，其南侧的房屋供有当地信奉的守护神。该寺庙历史悠久，是附近村民祭祀、祈福之地。

3. 坡沟下特色梯田

坡沟下特色梯田位于坡沟下村两侧，是一处规模大、风景优美的梯田景观，出露面积约 1 500 m²，坡角为 0°～30°，沿山坡凹处呈扇形分布，层层叠叠、错落有致，相邻梯坎高约 1 m，梯田沿水平方向多呈圆弧形，最大长约 200 m，宽约 20 m，主要种植小麦、土豆、玉米等农作物。

4. 麻家寺特色梯田

麻家寺特色梯田位于麻家寺村，为一风景优美的梯田景观，梯田长 30～

100 m，宽 10～50 m，梯田坡角为 0°～30°，其中上部坡角较大，下部坡度较缓。该梯田主要种植玉米、小麦等，远远望去，犹如云间天梯，极为优美。

5. 土特产资源

漳县名优特产种类繁多，具体有井盐、岷归、岷贝（即甘肃贝母）、野生党参、冬虫夏草、蚕豆、马铃薯、韭菜、黄瓜、苹果、文冠果、蕨菜、乌龙头、细鳞鲑、牦牛肉等。同时漳县又有"中国蚕豆之乡""中国沙棘之乡""中国绿色名县""中国国家攀岩队训练基地"等众多头衔名片。图 3-14 为漳县部分名优土特产。

图 3-14　漳县部分名优土特产

6. 非物质文化遗产

九居谷手工艺制作种类丰富，尤其以"四大匠"（木匠、皮匠、毡匠、铁匠）享誉乡里，其中制毡和扇鼓（羊皮鼓）被列为非物质文化遗产。图 3-15 为九居谷非物质文化遗产。

图 3-15 九居谷非物质文化遗产

第四章

地质科普和文旅产品开发

地质文化村的文旅产品开发是在对地质文化村基本资源及自然环境、经济文化的充分调查研究基础上进行的策划设计和产品开发。《指南》要求，地质文化村策划设计与产品开发要根据村（镇）的资源与环境调查评价成果，研究、挖掘村内地质资源与原住居民生产生活、村（镇）文化之间的故事，架构地质科学与经济文化融合的主线，明确建设模式，按照"有景可游、有物可感、有品可尝、有文可读、有声可听"的原则，提出科普解说系统设计、特色地学文化产品和人文产品开发建议，编制"地质文化村（镇）建设方案"。具体的产品开发与设计体现在 3 个方面，分别是科普解说系统设计、地学产品开发和人文产品开发。

第一节　科普解说系统设计

地质文化村科普解说系统是指在文化村内建立一系列科学信息传播的有效途径和氛围，发挥解说者、媒介方式制造者、展示手段和方式设计者的才能，结合文化村的实际情况，灵活改变、组合，并加以应用，使文化村地质信息有效传递，让游客在观光中认知各种地质现象。地质文化村科普解说系统除了具有一般景区解说的 5 个基本要素外，还涉及更多的地学专业背景和知识。地质文化村通过专业讲解员解说、现场展示等手段和方式将参观者的注意力集中到特殊的地质现象和景观上，将地学多样性和生物多样性有机地融合在一起，让参观者系统地了解特殊地质现象、景观产生的原因和演化过程，以及该现象对人类生产、生活的长远影响。

一、科普解说系统的设计原则

（一）设计科普解说系统的必要性

地质文化村是一种集地质遗迹资源、特色农业资源、文化资源、旅游资源于一体的新型乡村，是地质遗迹调查工作成果转化应用形式的创新，是乡村旅游中知识含量最高、科普解说需求最强的一种产品。要想让游客在观光旅游中看懂、了解地学知识，就必须建设一套突出科普教育功能的具有先进的、科学的、完善的和独具特色的科普解说系统。地质文化村的发展日益重视科学解说在地学知识普及和教育中的作用，而旅游者也更加关注从解说系统中获取知识和体验。

（二）科普解说系统设计的目的

编制地质文化村科普解说系统的目的在于：协调地质文化村信息和解说需求，避免地质文化村解说偏离地质文化主题；形成环环相扣的解说展示体系，提高解说效率，吸引更多游客；使地质文化村管理人员掌握详细的文化村解说知识体系和技术设施状况，为参与相关管理提供参考和支撑。

（三）科普解说系统设计的基本原则

地质文化村所涵盖地学知识的差异性和地质遗迹、景点的分散性，使得其难以形成一个通用的解说系统规划和运行模式。然而，所有地质文化村解说系统规划都必须遵循以下几个基本原则。

① 科普解说系统要突出地学主题和特色，并以此作为地学知识普及和环境教育特有的文化功能。

② 科普解说展示方式要科学、直观、醒目、优美和通俗易懂。

③ 科普解说内容必须准确定义地质文化村的解说主题及目的。

④ 解说方案的每一部分必须用适当的方式予以展示，避免千篇一律。

⑤ 解说类型及载体形式的设计要有助于提升游客对地质现象和景观的认知与鉴赏能力。

⑥ 要对解说对象进行评价和筛选，不是对所有的景观和地质现象都进行解说。

⑦ 科普解说设施要同地质文化村当时的状态和设施结合，注重解说系统的实用性和经济性。

（四）科普解说系统的对象及深度

地质文化村科普解说系统不完全等同于一般的旅游解说，如果过于学术化，就会令游客费解；如果过于通俗化，又难以从科学的角度解释地质现象。解说的深度不仅要与所面对游客的专业和知识面有关，而且要与文化村实体的科学、文化研究和管理有密切的关系，对不同的游客群体，要进行不同深度的解说。如何将解说深度掌控得恰到好处，关键在于根据游客群特征，确定相关的解说主题，而解说主题的确定需要依据游客的统计特征，解决 5 个与其相关的基本问题：游客感觉比较有趣的问题；游客可能会想知道的问题；规划者认为游客必须知道的主题；游客应该知道的一般性的主题；为特殊需要的游客提供特殊信息，如儿童、老年人、残障人士及各种科学考察人员。

（五）科普解说系统的工作步骤及要点

地质文化村科普解说系统的规划和文字编写要由特定的规划团队和专业人员完成。团队须由若干具有不同专业背景的成员组成，如来自自然资源相关部门、地质文化村管理部门的代表，地质文化村主要经营成员代表和专业规划人员、村民代表等。

地质文化村科普解说系统的规划和解说文字的编写一般分 6 个步骤：资料收集；分析整理；撰写规划；部门审核；核定实施；反馈更新。

二、科普解说系统设计要点

（一）解说主题的确定

地质文化村解说主题的确定是地质文化村科普解说系统规划的重要内容，它指导着地质文化村解说体系的制定和媒体宣传计划的编制。地质文化村的解说主题分为专业解说主题和非专业解说主题两种。解说主题确定要基于地质文化村的"综合考察报告"和"总体发展规划"这两个文本和以往的区域资料；有开发史的地质文化村要对其游客类型和主要景点游客空间分布状态进行历史统计数据分析，同时还要进行详细的野外勘查，借助地学野外调查和 GIS 及

GPS 技术弄清楚每一个解说点的具体地质状况和地理信息。通过 GIS 空间分析技术、网络分析技术及空间统计等对解说点及周围的设施进行成本、最优路径、视域范围分析，同时借助空间分布趋势分析和经典统计学对解说点进行聚类分析，提炼出地质文化村解说的主题及其空间分布态势。

> 让九居谷有别于张掖丹霞和黄河石林的，是九居谷的自然生态和绿色植被。这要归结于九居谷独特的地理位置和特殊的气候条件。漳县地处中纬度内陆，距海遥远，受青藏高原、蒙古高压气流的影响及秦岭山脉地形的影响，形成了九居谷亚热带大陆性温凉半湿润气候。这种气候的特点是冬季冷长而干燥，夏季短热而湿润。这里年平均气温只有 7.8 ℃，年平均降水量为 433.5 mm，年平均相对湿度为 67%；年平均日照时数为 2 295.4 h；年平均风速为 1.7 m/s，最多风向 SE（东南）；年雷暴日数为 23.6 天。这种地理位置和气候条件造就了九居谷自己的植被类型和生态特点。在这里，森林覆盖率达 20.92%，河道总长 131.5 km。区域内主要河流是漳河、龙川河和榜沙河，主要较大支流是铁沟河、东扎河、霞布河、蒲麻河、南河、胭脂河和黑虎河，主要植被是树木和野生药材，主要野生动物是细鳞鲑、水獭、麝、羚、鹿、獐、娃娃鱼等。
>
> "你若盛开，蝴蝶自来"。九居谷的美誉自带流量，为其吸引了一批批的"九居粉"，在春夏之际，纷至沓来。
>
> 探访九居谷，沿着柳暗花明的谷底，顺着斗折蛇行的山路，蜿蜒而入，一路上野芳发而幽香，佳木秀而繁荫，崖壁峭而发荣，赤壁形而渥丹；至核心区，幽谷蓄翠而罗荫，垂瀑流泻而溅银，小溪潺湲而鸣珮，绿潭贮碧而鸣蛙。至若丽巅草阪之上，茂林修竹之下，总也少不了散如寥星、聚如群涌的山野人家。
>
> 入小村，柳上莺飞，檐低燕滑，人声相和，禽鸟相鸣，远有荷锄之影，近有垂钓之身。放眼层层梯田，犹如一弯弯新月，鳞次栉比，叠翠而上，把一畦畦葳蕤碧翠和一腔腔农人的希翼揽在怀中。而簇布之石柱、石钟、石笋、石坑，石堡、石墙，石峰、石梁，俯仰皆是，形肖貌比，鬼斧神工，栩栩如生，更有风蚀穴、翁形谷，杂然相间，比居相渲。登高鸟瞰，竹篱、茅舍、土墙、青瓦、红崖、绿树，孤峰、幽谷，浑然相融，妙造天成，
>
> 仿佛是一幅色彩斑驳的写意山水画。置身于此，不知是自然陶醉了人类，还是人类美丽了自然。

（二）展示系统规划

展示是最通用的媒体解说途径：通过三维意象使人一目了然地了解所要传达的复杂内容。展示的最大优势是能够跨越语言和文化的障碍，帮助游客尽可能地了解地质文化村的情形。地质文化村展示系统包含地质博物馆（含影视厅）、地质文化村信息（游客）中心、科普宣传栏、导游地学讲解、导游图、各类出版物六类要素。在地质博物馆规划过程中，选址应当在地形相对平整且有足够面积的游览线路附近，规模应当依地质文化村等级馆藏内容的丰富程度和游客量而定，一般为 2 000 m²，最大不超过 10 000 m²。地质博物馆的布展内容主要包括：地质演化史和地质遗迹；本区域地形地貌形成条件及特征；地质遗迹分布及其价值；科学研究成果；生态及人文历史。

科普宣传栏、导游地学讲解、地质文化村导游图等室外展示要置放在最醒目的位置，大部分的室外展示品需要特别加以保护，以免受到日照、雨淋、风刮等气候因素的毁损和少数游客的恶意破坏。在信息全面、清晰、科学的原则下，说明文字应当尽可能简短，尽量让展示元素的文字组织富于变化。

地质文化村出版物是集中展示地质文化村科学价值的载体。因此，科学规划地质文化村出版物应当将地质文化村的科学研究、地方文化发展及文化村宣传相结合，制定长期的多语种出版物出版计划。

九居谷地质文化村导览图就是全面体现科学性和趣味性的重要展示载体（见图4-1）。

图4-1　九居谷地质文化村导览图

（三）核心功能解说系统

核心功能解说系统，主要包括地质遗迹及景观说明牌、地质文化村内其他景观说明牌、园区功能管理说明牌和解说性自然步道及游线等多区域和节点的解说。这些要素既属于展示系统，又在某种程度上充当着标识系统，是地质文化村中的核心解说要素，因而将其单列出来作为核心要素予以规划和设计。解说性自然步道及游线规划在地质文化村解说系统中起着关键的作用，游客可以沿步道两侧的地质遗迹和景观解说牌、标识牌、引导牌认识、了解一些有趣的、特殊的地质景观和现象。

地质文化村步道解说一般采用向导式步道和自导式步道两种解说方式，前者可以对步道沿线提供生动、逼真且最具有教育功能的解说；后者通常使用频率较高，向导无法随时提供解说服务的步道都采用此种方式。

根据九居谷解说主题编写的七个重要打卡点的解说词如下。

1. 到达停车场，景区概况介绍

> 欢迎您来到漳县九居谷地质文化村地学科普研学基地，我是本次的讲解员，我叫××，今天由我带领大家一起来参观九居谷地质文化村。九居谷地质文化村地学科普研学基地位于漳县县城西面，距县城 6 km，距离兰州 218 km。整个研学基地处遮阳山与贵清山两大 AAAA 级风景区旅游路线的中心，交通便利，总体规划面积约为 101 万 m^2。基地周围绿植环绕，山峰起伏，山形奇特，群峰林立，环境优美，尖篓崖、三界崖、新媳妇崖、鲁班崖等崖崖独立成峰、峰峰相映成趣，峡谷隐于丹霞之中，丹霞矗于草阪之巅，相映成景、相比成趣，在游览中会让您亲身感受到大自然的神奇与美丽。
>
> 现在大家身处的九居谷，位于甘肃省中南部，属外秦岭地槽（西端）与陇西地台（黄土高原边缘）两大地质构造单位的过渡地带，地形复杂，地形地貌基本类型有山地、丘陵，地势西南高、东北低，九居谷最低海拔为 2 000 m，最高约为 2 574 m，整条沟近南北走向，水流汇入近东西向的漳河。

2. 到达许愿池

> 大家现在看到的这个许愿池里流出的水来自饮马泉，被当地人奉为"神泉之水"。此泉据传是金山九天圣母弟子当年饮马的地方。当地人认为品尝一口神泉水能够保佑人一生平安健康。专家对神泉水进行了检测，并做出了科学的解释：

这个泉眼周围岩层为白垩系麦积山组砂砾岩，泉水属于裂隙泉（裂隙泉水是地下水经坚硬岩层裂隙因地压作用而冒出的泉水），里面含有多种对人体有益的矿物元素和微量元素，当地人世世代代都在饮用。神泉水清凉甘冽，饮一口沁人心脾，感兴趣的游客，不妨试饮一下。

3. 游行经过九居谷地质文化村丹霞广场

现在大家看到的是九居谷地质文化村丹霞广场，主要以民俗文化元素建造，是村民及游客娱乐和交流的活动场所。这里特别适合篝火晚会。

大家现在看到的这两个窑洞呢，是我们村内非物质文化传承人铁匠炼铁的地方，以前村内的农户下地劳动使用的铁锹、锄头等，都是取用当地的铁矿石冶炼打制而成的。今天，我们把当时冶炼打铁的场景一比一还原展示出来，让大家感受一下当年九居人炼铁、打铁的场景。

4. 继续前行至望儿台

这是九居谷地质文化村的形象墙，也是网红打卡点，这个铁铸镂空牌子上是一首诗，大家可以读出来，在晚上的时候灯光一照非常有韵味。现在大家在墙体画面中看到的这位老人，是本村韩姓九户村民中真实存在的一位老妈妈，她每天都到村口的山坡上向山外远眺，希望自己在外的孩子能平安归来。日复一日，少有间断。后来，老妈妈过世了，村人为了怀念这位老人，就把她每天向外眺望的那个山坡定名为"望儿台"。

5. 继续前行讲解九居谷地质文化村的由来

现在大家来到的这个地方，是九居谷地质文化村的核心村。这里的行政区位名称是漳县三岔镇朱家庄村韩家沟社，因为村民都姓韩，所以名叫韩家沟，又因为此村仅有九户人家，所以我们给她取了一个美好而富有诗意的名字——"九居谷"，这也是今天九居谷地质文化村的由来。"九"除了契合此村的九户居民之外，还与"久"谐音，寓意村民安逸幸福的生活长长久久。另外，"九"在中国的传统文化里有多的意思，寓意村民多子多福；在阳数（奇数）中"九"最大，古人常以"九"寓尊贵之意。至于把韩家沟的"沟"字改为九居谷的"谷"字，这里面也有三层意思：一是小村四面环山，坐落在山坳之中；二是寓五谷丰登、风调雨顺之意；三是寓村民谦逊仁厚、虚怀若谷之意。所以，九居谷不但是一个富有诗意的名字，而且还有很美好的寓意。

6. 继续前行 1 号院落、2 号院落、3 号院落

大家现在看到的是九居谷地质文化村的 1 号院，这个院落已有一百年的历史了，也是韩姓家族保留最完整的一个院落，里面现在居住的老人是非物质文化"扇鼓"的传承人。2020 年央视除夕特别节目《生活圈》中，兰州文理学院高亚芳教授带上节目的"扇鼓"就是老人亲手制作的。温馨提醒：由于老人年岁大了，精力已不是太好，希望大家进去参观的时候，尽量不要打扰老人。至于为什么把 1 号院叫"拾光居"，大家参观过后就会明白，现在请大家有序进院参观。

（游客参观后）刚才大家参观了"拾光居"，是不是有一种回到儿时农村的感觉，既亲切又陌生，仿佛时光倒流，回到了过去，回到了从前，让我们重新拾起了儿时的美好时光和记忆。命名 1 号院为"拾光居"，寓意在此。

接下来，大家要参观的是 2 号院。2 号院以禅茶为主，是让游客听禅、饮茶，放松心灵的地方。大家平时工作时间紧、压力重，今天出来游玩，就是要减压释怀，放飞自我，以愉悦的心情度过美好的一天。我们深谙游客的这种心理，特在 2 号院为大家设置了这么一个放松心灵的好地方，让妙曼的禅音、清幽的茶香，释去您一身的劳顿和困乏，让您的心灵沐浴在自然之中，让您在天籁之音中感受大自然的神奇与美妙！故此，我们把 2 号院命名为"沐心居"。

大家现在来到的是 3 号院，是九居谷地质文化村的"康养居"，也是最受游客欢迎的小院。这里面有九居谷地质文化村曾登上中央电视台的两大产品，它们分别是：九居福面和九居农仓。九居福面，一面九汤，汤汤有特色，碗碗味无穷，有荤有素、有浓有淡，老少咸宜，四季适调，是来到九居谷不可错过的一道美味，我建议大家都要尝一尝。"九面"寓"九福"，一福为长寿，二福为富贵，三福为康宁，四福为好德，五福为善终，六福为立命，七福乃改过，八福为积善，九福是谦德。吃了九福面，愿愿都实现。大家千万不要错过哦。另外，我介绍一下九居农仓。九居农仓是九居谷所有农副产品、九居文创产品、农家土特产品、甘肃土特优产品的概称。这里面的产品绿色、环保、纯天然、无公害，具有浓郁的地方特色，价廉物美、物超所值，是馈赠亲朋好友的最佳礼品，有喜欢的朋友不妨有选择地买上一些。

7. 继续前行土楼

矗立在大家面前的这个土楼，别看其貌不扬、其高不危，断瓦残垣、斑驳沧桑，它却是九居谷韩姓家族崇拜和图腾的象征，已有近三百年的历史。在战乱年代，土楼作为瞭望塔和至高射击点，也为护佑九居谷的百姓立下过不朽之功。此土楼看似简单的土木结构，当初修建时，却是煞费苦心的，就连选址和筑墙也是十分讲究的。据当地祖上人讲：高房（当地人谓之土楼曰"高房"）未企，而风水、堪舆者备焉，俱云：其址乃阴阳之枢纽，人伦之轨模，未可随嬉以轻也。必当"寻龙、点穴、察砂、观水、望气、立向而定。址定则抄平放线，开挖基槽，筑基础磉后，取优质黏泥，碎后参剁节稻草，调以米汤清水，行脚踏法，使之粘匀，以挑锤筑。日，高许即止，候干，又，日高许止，复候干，复高，至期高止。置柱顶，包台明，行上梁仪，而后椽，终毡背覆毛成。

从九居谷祖上人的口中，我们可以窥见我国古代劳动人民的智慧和古代建筑的内涵文化。

（四）标识系统规划

地质文化村的标识系统是引导游客自村外到村内部完成游览、定位，方便地找到各种服务设施的重要标记。文化村标识系统规划的主要要素有：文化村主碑、附碑标识，交通引导标识，环境标识和界牌、界碑、界桩等地质文化村界域标识。

在地质文化村核心区和其他区域的入口处应当按照自然资源部的要求设计主碑和附碑，碑体要同文化村的主题相适应。在进入文化村的主要道路分叉点和沿途设立地质文化村交通引导牌，在每一个指引牌上具体标识出里程数，告知游客离文化村有多远。地质文化村是有特定范围的区域，其区域界线主要通过界牌、界碑和界桩等形式来标识，界域标识同文化村的勘界工程密切相连，其规划应当同勘界工程相结合。

（五）标识牌设计

标识牌包括指示牌和科普解说牌两种，用以介绍村（镇）的基本情况、文化内容和地质特色。指示牌包括地质文化村（镇）标志牌（碑）和村（镇）总览牌、交通引导牌、服务说明牌等，指示村（镇）名称、基本情况、主要景点位置及名称、旅游路线分布等内容。科普解说牌是对村（镇）内典型的地质遗迹点进行科普解说的标识牌。解说牌应设立在可到达并适合驻足浏览的位置，解说内容应以地质遗迹点的形成原因、演化历史、景观特色和科学意义为核心，图文并茂，用准确而易懂的文字使浏览者理解和接受，具有科学性、通俗性、趣味性、艺术性等特点。

　　另外，可能还有其他一些科普解说牌，如对村（镇）内较为独特的动植物资源、历史文化地、人类生产活动等进行科普解说的标识牌。这些科普解说牌也应采用简明通俗的语言文字，配合真实精美的图片，向浏览者展示客观科学的自然环境和悠久丰富的历史文化。

　　在九居谷我们对一些典型的地质景观做了说明牌，主要依托这些景观的外形外貌再加上一定的想象并赋予故事性而定名，如一吻定情、阳元峰、小麦积、新媳妇崖、千层崖等（见图4-2）。

一吻定情

　　两石柱紧密挨在一块，面对面，像正在接吻，形态逼真，别有一番风趣。

阳元峰

　　位于二道沟南侧，石柱直立、挺拔，气势雄壮，故命名为"阳元峰"。

小麦积

　　在坡沟下村西支沟中，面积约0.2 km^2，高约200 m。由顶部起伏的山梁及下部垂直岩壁组成，整体形态宏伟、壮丽，形态与天水麦积山景观相似，故命名为"小麦积"。

图4-2　九居谷典型地貌景观标识牌文字设计

新媳妇崖

传说从前有一位女子，14岁时家人给她找了同村的男子为夫，见面后，两情相悦，定下婚约。但好景不长，国家发生战争，为了保家卫国，男子未及结婚便投军从戎。由于男子深爱女子，自己从军又生死未卜，所以走前力劝女子另嫁。女子也深爱男子，执意不从。男子一走杳无消息，女子就日复一日年复一年地翘盼男子归来，最终幻化成了今天的崖体。

千层崖

在二道沟沟脑处，长约300 m，高约80 m。峰顶处与山梁相连，裸露处形成陡崖，坡度65°～90°，坡面上发育数条小冲沟，岩石成层性较好，形成厚度为5～40 cm不等的砂砾岩。砾石抗风化较强形成凸起，砂岩抗风化弱形成凹坑。地表岩石颜色整体鲜红，层理构造明显，山壁为陡崖，山顶呈圆锥形。

图4-2 九居谷典型地貌景观标识牌文字设计（续）

故事也好，神话也罢，都寄托着人们对美好事物的向往，同时也给九居谷大大小小的景点披上了人文的外衣和神话的色彩，让游客在领略大自然的神奇的同时也领略到地方乡风民俗和特色文化。

据统计，在九居谷，大大小小的物像景观仅高度在百米以上的就有161处，其中国家级2处、省级49处、省级及以下110处。这些丹霞景观，密集在仅仅5.5 km²的区域内，这在全国都是极为罕见的。

（六）科普长廊设计

科普长廊采用图文并茂的形式建设，内容科学丰富、语言生动有趣、解说通俗易懂，做到既富有吸引力，又便于理解和记忆。科普长廊宜选址在开阔地带，适合群体驻足浏览，建议设置在人群聚集的村（镇）中心地段。科普长廊的外观形式不拘一格，但应与村（镇）的整体环境相协调。

九居谷地质文化村建设的"地质科普长廊"，主要展示九居谷地质文化村地学科普研学基地内的基础地质、地貌景观及地质灾害的相关内容和科普信息，以图文并茂的形式，传递给游客最直观、最明了的科普信息。

（七）地质文化陈列室设计

地质文化村（镇）宜利用乡村已有的集体房屋和农民闲置房产设立陈列室（图

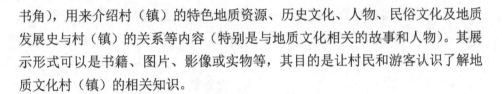

书角），用来介绍村（镇）的特色地质资源、历史文化、人物、民俗文化及地质发展史与村（镇）的关系等内容（特别是与地质文化相关的故事和人物）。其展示形式可以是书籍、图片、影像或实物等，其目的是让村民和游客认识了解地质文化村（镇）的相关知识。

（八）地质文化科普活动场所设计

地质文化村（镇）宜根据基础设施的建设情况，利用已有或新建设的道路、广场等可以容纳一定数量游客的场所，通过改造或建设融入地质元素，或通过地质主题科普活动、科普展览等方式向游客进行地质文化科普宣传。

（九）科考研学游览步道设计

地质文化村（镇）宜结合科考研学路线，设计相应的游览步道。游览步道需要具备一定数量的指示牌、科普解说牌，做到指示清楚、内容准确，风格与周边环境相协调。科考研学步道应根据村（镇）的资源与环境调查评价成果，深入研究和挖掘地质资源与原住村民生产生活、村（镇）文化之间的故事，架构地质科学与经济文化融合的主线，明确建设模式，按照"有景可游、有物可感、有品可尝、有文可读、有声可听"的原则，提出科普解说系统设计、特色地学文化产品和人文产品开发建议。

第二节 地学产品开发

一、地质文化产品开发

地质文化产品是指能够展示村（镇）地质科学和文化内容的有形产品，主要包括：① 与村（镇）地质文化故事相关的科普产品，如科普手册、宣传折页、图书、绘画、音像制品等；② 与村（镇）地质背景密切相关的特色农副产品或特色资源产品，如富硒农产品、矿泉水、温泉、火山泥面膜等；③ 村（镇）产出的与地质相关的特色纪念品，如宝玉石、观赏石，体现地质文化特色的明信片、冰箱贴、U 盘、挂件、玩具等；④ 赋予地质文化内涵的食品、菜肴等；⑤ 其他地质特色文创产品等。

　　九居谷根据自身资源特色制作的相关产品包括九居谷旅游宣传册（见图4-3）、地学科普研学手册（见图4-4和图4-5）等。

图4-3　九居谷宣传册部分页面

图4-4　九居谷地学科普研学手册

图4-5　九居谷地学科普研学手册部分内容

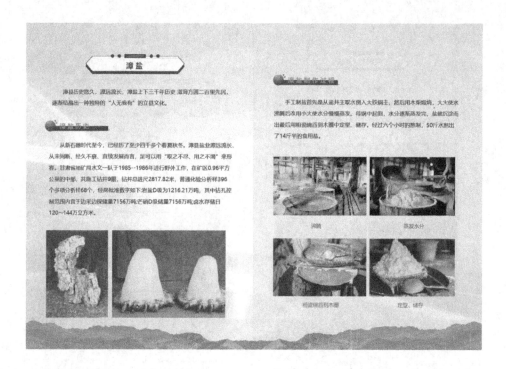

图4-5　九居谷地学科普研学手册部分内容（续）

二、科普与科考活动产品开发

（一）科普活动产品开发

可以依托特色资源条件，设计丰富有趣的科普活动，制订科普活动计划。科普活动一般有科普宣讲和科普体验活动等，如利用当地地质条件、地质产业特色，举办科普讲堂、主题日宣传、比赛竞赛、探险活动、地质工作职业体验等活动，使中小学生和游客充分感受地质的趣味性、科学性。

九居谷拥有神奇的石柱、石崖及独特的峡谷，依据这些特色地质资源，我们开发设计了九居秘境研学探秘路线。"一砂一世界，一石一天堂"，剥开地质科学看似深奥枯燥的坚硬外壳，展现动人心魄的内在之美；探秘地质演化和大自然的鬼斧神工，科学之美也是奇美的风景。九居秘境研学探秘路线以研学为主旨。研学就是在远行中增长知识，于行走间增加见闻、开阔眼界，于游历中学习历史，掌握户外生存技能。孩子们在游历的过程中会遇到各种各样的人或者事，会遇到困难，而面对困难时孩子们自己去解决问题的过程将会是他们成长道路上最宝贵的财富。

另外，我们还根据九居谷地质文化村的资源特色编制了《九居谷地质文化村地学科普研学基地工作指导手册》（见图4-6）。该手册主要针对九居谷特有的丹霞地貌、漳盐文化和红色文化进行了科普宣传，主要采用了基本陈列、解说导览、影视、科普商品、临时展览、网络等形式。另外，我们还针对中小学生设计了科普研学课程，开展了其他形式的亲子教育和培训活动。

《九居谷地质文化村地学科普研学基地工作指导手册》主要包含以下5个方面的内容。

① 科普教育基地相关概念。介绍关于科学、科技、科普、科普教育基地的基本概念以及它们之间的相互关系；对于科普教育工作人员，应了解科普教育基地存在的目的是什么，应起到的作用是什么。这些内容对于开展科普教育工作将起到基础概念的普及作用。

② 九居谷地质文化村地学科普研学基地能够开展的科普教育工作的类型。包括：基础教育活动、辅助教育活动、学校教育活动、其他教育活动，并结合研学基地部分场馆开展活动的实例，对各个类型的工作进行详细的陈述。

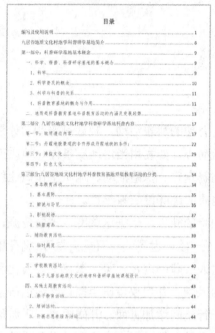
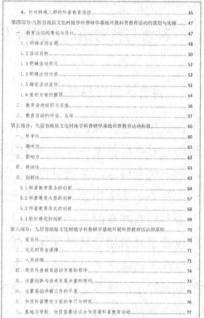

图 4-6 《九居谷地质文化村地学科普研学基地工作指导手册》（部分）

③ 开展科普教育活动的流程。包括：科普教育工作开展所必需的条件及开展科普教育工作的基本流程、各个流程中应该注意的事项。在规范开展科普教育活动的同时为进一步完善、创新科普教育活动打下良好的基础。

④ 优秀科普教育活动的标准。根据专家的建议，从科学性、趣味性、影响力、持续性、创新性等方面阐述一个成功的、品牌化的科普教育活动的标准，为九居谷地质文化村地学科普研学基地开展科普教育活动提出一个标准。

⑤ 科普教育工作建议。结合地学科普教育活动基本情况分析、馆校合作的基本情况分析等结果，总结现阶段九居谷地质文化村地学科普教育工作的现状，发现影响科普教育活动拓展与创新的有关问题，并提出相关的工作建议。

九居谷地质文化村地学科普研学基地具有较好的开放和参观条件，建有"科普开放日制度"，并根据公众需求和自身工作安排，定期或不定期地向公众开放。另外，九居谷地质文化村地学科普研学基地还特意建设了"观星台、地质科普长廊"和"地质博物馆"。"观星台"通过数字天象、模拟星空，认识四季星空与星座、亮星和天体的位置关系，使用天文望远镜进行天体观测并观察行星、星座、流星雨、日月食等天文现象；利用虚拟地理环境技术将主要的地形地貌类型投影在大型球幕上，并进行互动操作，足不出户即可开展虚拟的地学考察，认识各种主要的地形地貌。"地质博物馆"则是以常见的矿物标本展为主，以达到认识矿物形态的目的。另外，常见的岩石标本展可认识岩浆岩、沉积岩和变质岩三大类岩石的特征，了解其形成机理与过程。此外，岩层产状、褶皱、断层、地层接触关系等模型展览可以了解地球的组成、构造、发展历史和演化规律。

九居谷还根据自身自然资源及人文资源开发设计了包括"地质+研学""非遗+研学""农耕+研学""红色+研学"的四大系列主题研学产品和研学课程。

小学生每学年研学累计时间原则上为4～5天，初中生为5～6天，高中生为5～7天。根据课程开发的实现目标和实施方式差异，小学阶段，通过亲历、参与少先队活动、场馆活动和主题教育活动，参观爱国主义教育基地等，获得有积极意义的体验；初中阶段，通过积极参加班团队活动、场馆体验、红色之旅等，亲历社会实践，加深有积极意义的体验；高中阶段，通过自觉参加班团活动、走访模范人物、研学旅行、职业体验等，深化社会规则体验、国家认同、文化自信，初步体悟个人成长与职业生涯、社会进步、国家发展和人类命运共同体的关系。

1. 小学红色研学课程设计

小学生研学旅行一般在四至六年级学生中开展，针对该年龄段学生的特点，研学课程设计以观光、游览、体验为主，增加游戏、活动性的内容，以满足小学生好动、好玩的天性，尽量精简纯理论性内容；讲解内容要生动有趣、浅显易懂，容易被小学生所接受。我们重点以九居谷红色旅游资源为基础设计了小学红色研学课程。

课程主题：巍巍九居谷，浓浓红色情。

课程简介：追随红军足迹，传承红色精神，追忆红色岁月，点燃激情梦想。穿红装的少先队员们来到九居谷地质文化村地学科普研学基地，通过参观漳县九居谷红军窑洞遗址、讲红军故事、扎小白花制作花圈、敬献花圈、看红色话剧等活动，让同学们的精神得到洗礼。

课程目标：了解漳县红色文化内涵，感知红色文化精神，懂得珍惜生活、珍爱生命，牢记革命先烈精神和优良传统，增强责任感和使命感。

本研学课程具体安排为2天1夜，具体见表4–1。

表4-1　小学红色研学课程具体安排

时间安排	研学地点	研学内容
第一天上午	九居谷	身着红军服装、头戴红军帽，先在研学讲堂里听研学讲师科普红军故事，参观九居谷红军教育展室
第一天下午	九居谷	参观九居谷红军窑洞遗址，听烈士故事，扎小白花制作花圈，敬献花圈，看红色话剧，观看爱国主题系列电影
第二天上午	漳县县城	赴漳县县城红军盐井纪念馆参观，看照片、观实物
第二天下午	九居谷	回到九居谷总结，交还衣物，返程

2. 初中农耕研学课程设计

初中研学旅行一般在初一、初二学生中开展，研学课程设计以理解性、知识性内容为主，根据学生特点可开展知识竞赛、知识探究等活动，以满足学生求知、求奇的心理特点。我们以九居谷农耕旅游资源为例，设计了初中农耕研学课程。

课程主题：重返知青路。

课程简介：坐上时光机穿越回20世纪60—70年代，来到九居谷知青营地，在这里学跳忠字舞、记工分换粮票、体验公社大食堂等，接受"天地广阔大有作为"，在追寻祖辈青春足迹中，切身体验知青年代生活，感受激情岁月的农耕生产生活。

课程目标：通过体验稼穑之苦和农耕文化，培养青少年吃苦耐劳的精神，了解乡风乡情，助推铸造青少年红色品格，发扬艰苦奋斗精神。

本研学课程具体安排为3天2夜，具体见表4-2。

表4-2　初中农耕研学课程具体安排

时间安排	研学地点	研学内容
第一天上午	九居谷	在九居谷研学课堂听研学讲师科普知青岁月、农耕文化、乡村生活等研学课程的背景及意义
第一天下午	九居谷	参观九居谷农民专业合作社，熟悉各种产品，参加障碍挑水、手推独轮车比赛等活动
第二天上午	九居谷	除草记公分、公分换粮票，体验九居谷公社大食堂里的产品

时间安排	研学地点	研学内容
第二天下午	九居谷	参观农耕文化馆，体验植树、扎草人、采摘水果等农耕活动
第三天上午	九居谷	舞蹈体验，演绎提前排练好的知青话剧、趣味农耕，参与才艺表演
第三天下午	九居谷	讲解九居福面并品尝体验，返程

3. 高中地质研学课程设计

高中研学旅行一般在高一、高二学生中开展，研学课程以综合性体验、知识拓展、文化挖掘等内容为主。我们以九居谷地质旅游资源为例设计了高中地质研学课程。

课程主题：穿越白垩纪，探寻地质密码。

课程简介：九居谷地质文化村地学科普研学基地的地质资源丰富，能够让学生了解地球运动、地壳变化、岩石类别，通过对九居谷岩层的研究，强化学生地学知识，践实素质教育。

课程目标：通过研究九居谷地质遗迹，培养青少年对地球地质年代的兴趣，了解地球运动对气候、季节、昼夜、水系、地震、生态的影响。

本研学课程具体安排为 4 天 3 夜，具体见表 4-3。

表 4-3 高中地质研学课程具体安排

时间安排	研学地点	研学内容
第一天	九居谷	到九居谷研学课堂听专业研学讲师普及地质知识，参观地学博物馆
第二天	九居谷	参观九居谷地质资源，听讲解员讲地质故事，认识和理解九居谷丹霞地貌形成原因及条件；在九居谷收集第三天做实验要用到的岩石物料
第三天上午	九居谷	由专业研学讲师带领到地质博物馆的实验室做实验，通过学生提出问题、做实验论证、总结来提高学生对于科学的严谨性
第三天下午	九居谷	听九居谷邀请的客座教授讲地质方面的知识，学生提问、教授解答
第四天	九居谷	由学生自己选择、体验九居谷乡创工坊里的手工作品，返程

（二）研学路线产品开发

将村（镇）及周边地质遗迹、自然景观、人文资源、优质土地、农副产品等各类资源进行有机串联,设计适合中小学校学生的研学路线和研学体验内容,揭示村庄特色地质背景、地质景观等与特色文化资源的关系,增加学生对地质科学知识和乡村文化的认识。

根据九居谷的地形、交通及旅游资源分布特征,我们设计了4条研学路线。

1. 研学一号线

波浪石—南潭—禹王崖—泥石流灾害景观—刀光剑影—九居谷核心村寨—太师椅—巨舰入海—地质博物馆

波浪石:山体呈暗红色,绵延起伏,形似波浪,产生于白垩纪,距今八千万年至1亿年,属红色砂砾岩系,是喜马拉雅造山运动的产物,后经山体崩塌和流水侵蚀所形成。

南潭:由流水侵蚀和人工改造而成,潭水较满、较浑浊,水自北侧小溪注入,流量约10 L/min。南侧为人工水泥坝,高约1.5 m,上有碎石点缀,潭周围有稀疏植被,潭中有少量生物。南潭石质为白垩系麦积山组紫红色砂砾岩。

禹王崖:高约50 m,直径约30 m,呈浑圆状,正看顶部似两个佛头,耳、鼻、眼、嘴清晰可辨,中下部似佛身,故名"双子佛"。侧面南望,头正身直,颇有帝王气象,仿佛神话故事中治水的大禹,故又命名为"禹王崖"。该石钟成景地层为白垩系麦积山组紫红色砂砾岩层,成因是流水侵蚀及风化作用。

泥石流灾害景观:是由暴雨、冰雪融水等水源激发的含有大量泥沙、石块的特殊洪流景观。其特征往往为突然暴发,浑浊的流体沿着陡峻的山沟前推后拥,奔腾咆哮而下,地面为之震动,山谷犹如雷鸣。因其暴发突然、来势凶猛、速度快,裹挟有大量的石块、泥沙,破坏力极大,所以这样形成的景观就叫泥石流灾害景观。

刀光剑影:位于核心寨沟东侧的绝壁上,长约150 m,高约100 m,下部为厚层状砂砾岩,上部岩石层理清楚,节理清晰,上面两组节理像剑切之痕,第三组节理像刀砍之伤。成景岩石为麦积山组紫红色砾岩。

九居谷核心村寨:位于九家农户聚居区,也是景区管理公司会议中心、党支部、乡创中心、民宿、餐厅、休闲区所在地。

太师椅：在九居谷中游道路东侧陡崖处，长约 100 m，高约 50 m。从遥感图上观察其形态为近圆形，形似椅子的扶手，中间凹下去的地方像椅子面，背部突起像椅子的靠背，远观像一把椅子。

巨舰入海：村西北侧约 300 m 的砖红色丹霞风蚀穴地貌，长约 300 m，高约 50 m。石穴排列整齐，单个石穴长约 0.4 m，宽约 0.2 m，深 0.1～0.3 m，穴形呈窗棂状。山脊披覆绿色植被，山顶有信号塔，山中下部岩基裸露，远观向一艘入海的巨舰。该岩体为白垩系麦积山组砂砾岩，因节理面砂砾岩抗侵蚀力的强弱不同，在风化作用下形成此景。

地质博物馆：地质博物馆包括岩石展厅、丹霞地貌展厅、九居谷产品展厅、实验室和多媒体教室，是科普和研学的重要场所。

一号线是九居谷的地学科普主线路，游线不长，适合中小学生科普。主题是让孩子们热爱自然、敬畏自然、保护生态环境，追求人与自然的高度和谐。

2. 研学二号线

新媳妇崖—子母钟—春笋石—寿仙桃—老龟闲游—飞碟峰—三峰丹霞—鹰猴相争—宝瓶崖—地质博物馆

研学二号线是深入到九居谷沟谷，路面多为原始石子路，两侧为丹霞石壁。二号研学路线是一条线路较长、地质资源最为丰富的游线，适合高中、大学、及体质较好的地质爱好者，路途中多为九居谷典型地质奇观。

3. 研学三号线

小莲花崖—恐龙崖—坡沟下丹霞峰丛—神铜峰—九居谷大峡谷—小梨山瀑布—地质博物馆

研学三号线自然资源丰富，除丹霞地貌外，还有幽谷、瀑布、中药材、天然植被、乔灌木、草皮、野花等，此外还有旧民居、古村落，是研究九居谷地学的资源密集区。

4. 研学四号线

地质科普长廊—饮马泉—瓮形围谷—赤壁楼阁—赤壁丹霞—地质博物馆

地质科普长廊：是展示地质构造、地形成因和丹霞地貌的科普长廊。

饮马泉：位于坡底下九户居民生活区，为上升泉，从砂砾岩裂隙渗出，流量约 15 L/min，水温约 6 ℃，水质清澈，无异味，可饮用。

翁形围谷：红色半环形陡崖，又被称为"灶圈"，围谷宽 100～300 m，高20～70 m，岩石环立，别有洞天。

赤壁楼阁：沟北一丹霞绝壁，高 60 m，宽 40 m，砖红色，砾粗砂岩夹杂白色砾岩，砂岩层厚 30～80 m，砾岩层厚 40～50 m，形成台阶，状若阁楼，因此命名为"赤壁阁楼"。

赤壁丹霞：位于东西向小沟北侧，长约 300 m，高 50～100 m，呈紫红色，中间高两边低，山梁起伏，岩壁上有大小不等的多个椭圆形岩穴，形貌奇特。

（三）科普基地的建设与活动内容

1. 地质科普馆建设内容

为进一步营造九居谷的科普氛围，特意在九居谷地质文化村地学科普研学基地开辟出专门的青少年科普教育场地（九云阁、地质科普馆）。在地质科普馆开辟了探索角，用于开展专题科普活动。

"探索角"分为若干活动区："报告阅读区"可以自由阅读各种自然类科普书籍，让对自然科学有兴趣的中小学生可以在书的海洋里自由翱翔；"儿童区"主要针对 3～7 岁的小朋友，在这里小朋友们可以充分发挥自己的想象，根据他们在研学基地的所见所闻提出自己的问题，由专业的科普教师解答。"试验活动区"定期组织专题实验，比如化石翻制活动，包括讲座部分和动手翻制化石两部分内容。讲座部分可以让小朋友们了解什么是化石、化石形成的条件及化石的发现过程；动手翻制化石部分通过简单模拟的方式让小朋友们了解化石形成的过程及发掘过程。这一活动不仅能够锻炼小朋友们的动手能力，而且能够增强他们的古生物学知识，受到了众多小朋友们的喜爱，成为研学基地动手项目中的保留节目。此外，"探索角"提供了各种生物学模型供游客自行拼装，还展示了形态各异的动物标本与知识牌。在这里，孩子们的科学兴趣、科学思维和探索精神被充分调动起来，他们可以在轻松、快乐中掌握知识、发现问题和培养兴趣。

2. 观星区建设内容

九居谷地质文化村在研学基地观星区定期举办了由天文科普专家讲授的天文科普知识讲座，不但通俗易懂、具有互动性，而且与重大天象事件相结合，让青少年在轻松愉快的氛围中学习天文知识。研学基地还定期组织户外观测活动，将理论知识与实践相结合。

3. 地学科普研学基地课程建设

九居谷地质文化村地学科普研学基地以其资源的情景化、趣味性及互动性，为观众提供了真实的情境和感官体验，增加了物理互动和社会文化互动，使青少年在娱乐休闲的同时学习了相应的知识，成为青少年学生喜爱的活动场所。同时研学基地部分场馆的展览内容与学生的课程内容存在极大的关联性。

例如，漳县一中与九居谷地质文化村地学科普研学基地的专家合作，为高一年级的同学开设了"岩石的一生"课程，目的是探索如何利用研学基地的资源为学生开展课程教学活动。活动中学生们在博物馆聆听专家的讲解，零距离接触岩石，感知岩石的性质，学习岩石的成因及相互转化关系。活动后学生分小组讨论，合作完成作业，并参加现场作业评比。最后研学基地的专家还组织学生进行了岩石辨认等竞赛活动。

4. 地质资源课程设计

在九居谷还基于地质资源开发了地质资源课程。

活动目标：充分发挥九居谷地质文化村地学科普研学基地地质资源在完善学校课堂教学、开展探究式实践学习活动中的作用，在利用九居谷地质文化村地学科普研学基地地质资源的基础上，通过优秀课例的征集、评选和推介，推动优秀教育教学资源共享，探索研学基地的科普活动与学校科学教育的衔接方式和运行机制，充分发挥研学基地在丰富学校教学活动中的作用。

主办方：九居谷地质文化村地学科普研学基地、甘肃省地质矿产勘查开发局第三地质矿产勘查院。

参与学校区域范围：漳县第一中学、第二中学、第三中学，每校两名地理教师参与教学课例设计；漳县四所小学，每校两名教师参与教学课例设计。

活动内容：评选优秀教学设计和优秀课例，在内容方面，强调在基础教学设计的基础上突出对九居谷地质文化村地学科普研学基地地质资源的利用，注重教学设计、课例的可操作性与可推广性。

活动形式：由九居谷地质文化村地学科普研学基地组织开展活动，各区县的地理老师、小学教研员提供协助。九居谷地质文化村地学科普研学基地为学校老师开展教学设计工作提供展厅，并在讲解、专家咨询等方面给予支持。

提交设计形式：提交的教学设计和课例分为两大类：一类是基于课标教材，明确九居谷地质文化村地学科普研学基地地质资源与课程标准的结合点，与课堂教学内容相结合开展的设计；另一类是旨在激发学生科学兴趣的拓展类设计。

活动流程安排：2020 年 5 月 10 日筹备和启动"利用九居谷地质文化村地学科普研学基地地质资源教学设计"工作；2020 年 5 月 25 日前，参加本次活动的老师自主开展教学设计等工作，为了让学校老师可以更有效地利用九居谷地质文化村地学科普研学基地地质资源，研学基地科普工作人员将协助老师共同进行设计工作；2020 年 6 月 5 日前，以多媒体形式提交最终设计；2020 年 6 月 18 日前，组织相关专家再次讨论并确定方案；2020 年 6 月 25 日，组织学生在九居谷地质文化村地学科普研学基地现场进行研学活动。

第三节　人文产品开发

一、人文体验活动开发

（一）生产体验活动开发

利用村（镇）百姓世代坚守的耕作、收割、采摘等农业生产活动，策划开发寓教于乐的体验活动，让游客体验农村生产活动的趣味。

为倡导康养生活方式，九居谷地质文化村致力打造"甘味"农特产品产业链，让游客乐享源自青山绿水纯净田园的放心好食材。为了深入推进乡村振兴战略，努力让农业成为有奔头的产业，让农民成为有吸引力的职业，让农村成为安居乐业的美丽家园，实现农业强、农民富、农村美的奋斗目标，九居谷的创业者们积极探索农业可持续发展新途径，深入挖掘地区农产品优势资源，积极引导和推进如蜂蜜、蚕豆、蕨菜、当归、党参等本地特色农产品的生产规模，形成了特色农产品产业集群。

此外，九居谷依托自身丰富的农耕文化资源，将"实践+教育+旅游"结合在一起，设计和开发了一套农耕文化体验项目。项目以农耕文化知识了解、农事活动体验和休闲农业为主要内容，基于传统农耕文化基因，以现代农业文明为文化基底，融合地方特色非遗文化、民俗风情，集农耕文化知识、生态农业示范、民俗风情体验、亲子娱乐、特色旅居为一体，让游客，尤其让城市青少年"做中学、学中做、做中悟"。项目主旨以唤醒乡愁文化、农耕文化为基础，以乡村文化复兴、生态田园绿色、乡村产业兴旺为追求，融合多元乡村文化主题，让更多的人认识乡情、乡味、乡民、乡韵，增加乡村"天地广阔、大有作为"的使命感和责任感。

在研学课程开发过程中，针对研学主体大多是长期生活在城市的少年儿童，深度关注了 3 个方面的开发重点：一是针对农村、农业和农民的认知大多来自书本，缺少基本的乡土知识和农耕文化认知实践，开发体验性、可视化、零距离的交互产品；二是农耕文化是乡村文化的集合体，涉及文化要素的方方面面，抽象性、隐含性较强，为此，将静态文化和隐性文化活态化、显性化表达，寓教于乐；三是针对"五谷不分"等认知短板，将二十四节气歌、九九歌等与春种、夏播、秋收、冬藏的不同农时的农事活动结合起来，在产品开发的同时建立体验式研学和劳动教育基地，开发四季劳动与观摩产品，让传统农耕文化的根脉转变成研学者的精神食粮和劳动实践，打造产品质量优良、内容实时更新、导师队伍稳定、可持续服务能力强的研学教育基地。

结合学生认知特点，九居谷地质文化村农耕文化研学主要在以下 3 个方面进行了尝试。

1. 游

农耕文化的表达形式分为静态与动态两种，目前九居谷地质文化村农耕文化的开发现状的静态主要是反映农耕生活用具的实物展示及文字图片的展示；动态主要是以视频、场景模拟、情境再现等形式再现农耕生产生活的风貌。动静结合是开发思路的出发点、切入点。九居谷研学基地寻找更直观的体验模式，例如岁时文化作为我国农耕文化几千年的智慧结晶，将节气与农事结合，具有浓郁的民族内涵。实践中，以岁时为时间轴，将物候、民俗与农事生产相结合，开发符合儿童认知的体验活动，构建集"参与性""教育性""趣味性"于一体的场景展示、实践场所及人文活动场所。

2. 娱

农耕文化孕育了丰富的民俗与节庆文化，漳县也有其独特的民俗文化、民俗活动。还原漳县九居谷农村传统的原汁原味的节事活动，强化现场感，让孩子们作为体验主体参与其中，将仪式感融入乡土乡情教育。以春节为例，经过几千年的积淀，春节形成了一套完整的习俗体系。但是受各方面因素的影响，各种仪式被简化。九居谷地质文化村着手开发了从腊月二十三日的祭灶，直到正月十五元宵节的活动。

3. 食

在立足地域、就地取材原则的基础上，与农业生产实践体验活动相结合，与文化习俗中的饮食习俗相结合，将自己参与的收获变成美食，让孩子们在体验传统饮食的同时获得收获的满足感。

把课堂搬进田园，让学生体验农耕的辛苦，了解农作物的生长过程，树立节约粮食的意识是农耕研学的重要意义所在。学生们可以在系统的课程中学习农艺知识和劳动技能，以个体劳作、集体合作的方式，从与大自然的接触中获得实践经验，形成并提升对自我和社会的整体认知，同时在身体力行的劳动过程中提升身体素质、抗压能力、实践能力，逐步树立劳动观念，珍惜劳动成果，培养热爱劳动的情感。

九居谷地质文化村农耕文化研学课程的基础设施支撑有以下 4 个方面。

① 在九居谷康养旅居区域建设有谷仓苑（封闭性场馆），谷仓苑里有可以容纳 100 名学生的课堂、实验区域（在显微镜下观察农作物的纤维等）、万物生长区（各种农作物的生长环境及各种农作物的介绍）、化风为雨区（各种农作物的生长过程）。

② 九居谷地质文化村将农民的农用地进行流转、改造、规划片区，雇用当地农户来打理，以作为九居谷的农事体验园（室外实验田）。

③ 九居谷建设有一个小型数字化农业大棚，棚内采用最新的数字化控温、给水技术，使棚内温度随着棚内农作物适宜的温度变化而变化，对每一株农作物实现精准管理。

④ 聘请农业大学的专业教师为九居谷的客座教授，定期培训九居谷农耕研学项目组教师及工作人员，工作人员定期与客座教授交流、更新研学课程。

九居谷地质文化村农耕文化研学课程的核心内容包括以下 3 个方面。

① 利用谷仓苑，让前来研学的学生了解农耕历史文化及各种作物。漳县当地种植的不仅有农作物，还有种类繁多的中药材，如当归、黄芪、党参等。学生们可以在农耕研学项目指导老师的讲解下对各种作物有一个最基本的认识，然后在农耕研学项目指导老师的指导下根据课题对特定作物进行研究，通过有奖问答的形式来提高学生的兴趣，增加学生的参与性。谷仓苑对于普及作物的生长知识具有重要意义。

② 通过九居谷农耕研学项目指导老师在研学课堂上的讲解，学生们对各种作物有了一定的认识。将学生们引领至农事体验园，让学生们自己体验一次当小农民的乐趣。农事体验园里的作物应时应季，学生们在特定区域内领取农具，在九居谷农耕专业研学老师的指导下操作农具，有序地进行农田耕作。

③ 为了让学生们深刻体会一粒米的来之不易、一棵树的生长对于环境的

影响，学生们可以在九居谷有偿认领属于自己的小树苗，栽种在九居谷，九居谷有专门的农户去打理这些树苗。

（二）美食体验活动开发

利用村（镇）的特色食材、特色美食，进行有效挖掘，制定特色餐饮菜单，开发特色美食制作体验活动，使游客可以充分品尝特色美食，体验独特美食制作的乐趣。

2020年1月24日，央视除夕特别节目《中国美好年味地图》隆重推出了九居谷地质文化村九居福面。九居福面（见图4-7）是在新文创乡创的理念引领下，由九居谷原创的一个新乡村、新时尚、新舌尖体验的新美食，是这里的"独一份"。九居福面是漳县传统美食的集成，主食由"一面九汤"组成，面是拉面或者手擀面，拌面的臊子汤则全部源于九居谷地方时令野生或绿色食材，分别有野生中草药养生汤（山野土鸡+党参、黄芪、当归、枸杞等当地野生中药材）、野生羊肚菌汤、羊骨胡萝卜汤、牛骨白萝卜汤、蕨麻猪肉臊子汤（蕨麻猪肉+土豆、豆腐、木耳、黄花菜等）、山野菜浆水汤（野苦菜浆水）、腊肉臊子酸菜汤（漳县腊肉+土豆+酸菜）、西红柿鸡蛋汤和韭菜香干汤。在节日和游客亲子家庭聚会上，九居福面都会演变成由当地九道传统名小吃和九道大菜组成的宴席。

九道小吃：韭菜盒子、猪油盒子、菜瓜饼、洋芋（土豆）饼、麻花、酥皮点心、素扁食（捏成元宝和当年属相形状的素饺子）、五香青蚕豆、蒜香蕨菜。

图4-7 九居谷特色美食——九居福面

九道热菜：清蒸中华鲟、红烧全鸡、把把肉、腊排骨、小吃（菜）汤、山野菜扣肉、鸡蛋炒韭菜、卤水土豆（盐土豆）、白菜粉条炒豆腐。

九居福面和宴席充分体现了文旅融合的新理念，是对传统文化和遗产文化的保护、传承和创新，是展示美丽乡村和建设文化小镇的成果。九居福面更多元地展现了漳县的历史文化、地域特色与乡俗乡风，是九居谷的品牌代表。

九居谷开发了富有特色的农特产品，设计了自己的包装，部分农特产品已形成良好的市场影响力（见图4-8）。

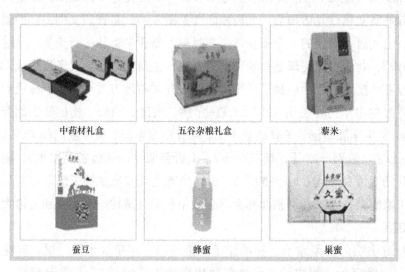

中药材礼盒　　　　　五谷杂粮礼盒　　　　　藜米

蚕豆　　　　　蜂蜜　　　　　巢蜜

蕨菜　　　　　韭菜　　　　　党参

土鸡蛋　　　　　土豆　　　　　三七

图4-8　九居谷部分农特产品

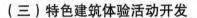

（三）特色建筑体验活动开发

利用村（镇）的特色建筑，开发居住或游览观赏的体验方式。对于村落中传统特色建筑，设计发展为特色民宿，策划开发游览、摄影、绘画等活动形式，吸引游客观赏和摄影、绘画爱好者驻足采风。

（四）传统服饰体验活动开发

利用村（镇）保留下来的传统服饰、少数民族服饰及其制作工艺，策划传统服饰摄影、服饰图案绘画、传统服饰制作等体验活动，使游客充分感受传统服饰的魅力。

（五）非遗体验产品开发

利用村（镇）的特色民俗或民俗类非物质文化遗产编排民俗节目，如民间歌舞、嫁娶活动等，由村民或演员进行文艺表演，吸引游客观赏体验。九居谷还规划设计了年轻一族热衷的非遗剧本杀产品，拟将非遗与旅游深度融合、活化开发。

（六）红色文化旅游产品开发

红色旅游是指以中国共产党领导人民在革命战争时期形成的革命纪念地、标志物为载体，以其所承载的革命事迹和革命精神为内涵，组织接待旅游者进行参观游览。作为"传承红色基因"的红色旅游，根据教育的阶段特征，可分为红色启蒙、红色求学和红色美育三个阶段。

1935年9月和1936年8—9月中国工农红军两次过境漳县，播下革命的火种。1936年8—9月，中国工农红军第四方面军在漳县活动50多天，成立了中共漳县县委、漳县工农民主政府和盐井、三岔、贵清、新寺、大草滩5个区级苏维埃政权，建立了"漳县红军武装青年营"和"漳县抗日游击队"地方军事武装，进行了大草滩阻击战、四族镇歼灭战、漳县城攻击战，召开了中共中央西北局盐井会议。

九居谷根据以上红色文化内涵特意设计开发了"红色旅游+研学"的主题项目。项目将漳县红色精神渗透到红色研学课程实践中，对培养坚定中国共产党领导和走中国特色社会主义道路，心系国家、甘于奉献，勇当先锋、团结一致、携手共进的优良品格青少年起到了关键作用。

为了弘扬爱国精神，激发学生的爱国热情，九居谷开发了系列观影专题，每个专题包括观看爱国影片和主题教育活动。为了避免同质化和单一性，每个月所选的影片都不一样。观影前，给学生下发观影指导，推荐学生阅读相关革命史料，帮助学生了解相关英雄人物的故事；观影后，开展评影、演影、践影等系列活动。通过活动让学生牢记过去苦难沧桑的革命岁月，弘扬伟大的爱国主义精神。

三月，"学雷锋"。组织学生观看电影《雷锋》和《离开雷锋的日子》，举行"学习雷锋好榜样"主题教育实践活动，开展"学习雷锋，从我做起"讲故事比赛。

四月，"祭英烈"。研学基地集中举办"祭英烈，铸忠魂"主题系列观影活动，组织学生观看《革命红嫂》《英雄孟良崮》《刘胡兰》《黄继光》等影片，举行"红领巾心中的影视英雄"讲故事比赛、红色经典诵读竞赛，绘制"英雄在我心中"人物画，制作"清明祭英烈"手抄报等。通过活动培养学生礼敬先烈先辈、热爱祖国的情感。

五月，"学楷模"。组织学生观看《铁人王进喜》《孔繁森》等影片，举行"红领巾爱劳动"主题教育活动。

六月，"迎七一"。组织学生观看《建党伟业》《永不消逝的电波》等影片，举行"党在我心中"教育活动，开展"红领巾心向党"手抄报制作比赛，组织"红歌唱响九居谷"歌咏比赛，举行"迎七一颂党恩"黑板报设计竞赛等系列活动。通过活动让学生坚定"知党史，感党恩，听党话，跟党走"的信念。

九月，"庆胜利"。组织学生观看《铁道游击队》《狼牙山五壮士》《平型关大捷》等影片，举行"纪念抗战胜利，弘扬民族精神"主题教育活动，开展"纪念抗战胜利，立志振兴中华"即兴演讲竞赛，组织"抗日英雄故事"演讲比赛、"缅怀革命先烈、继承革命传统"红色诗歌朗诵比赛等系列活动。通过活动让学生牢记革命历史，强化为建设强大国家而努力奋斗的精神。

十月，"颂祖国"。组织"庆国庆"系列观影活动，观看《建国大业》《开国大典》等影片，开展以"祖国发展我成长"为主题的教育活动，举行"我和我的祖国"讲故事比赛，举办"寻找祖国成长的足迹"摄影比赛，组织"歌唱祖国"庆国庆歌咏比赛等活动。通过活动培养学生的民族自豪感和爱国热情。

十一月，组织学生观看纪录片《智取威虎山》，开展"传承红色基因，弘扬红色精神"主题教育活动。

十二月，"兴中华"。组织学生观看《七七事变》《百团大战》等影片，开展"勿忘国耻，振兴中华"主题教育活动，举行"勿忘国耻，警钟长鸣"大型签名活动，组织师生对"南京大屠杀"死难同胞默哀悼念。通过活动让学生牢记国耻，为振兴中华、实现伟大中国梦贡献力量。

二、文化产品开发

针对村（镇）人文资源的特点，从展示村（镇）传统服饰、特色美食、特色建筑、特色生产方式等角度，开发村（镇）独特的文化创意产品，创作文学艺术作品，推动特色旅游发展。

九居谷拥有"皮匠、铁匠、毡匠、木匠"四大非遗项目。本着"弘扬传统文化"的宗旨，遵循"文旅教"融合的方向，整理、收藏、展示四大非遗项目，初步实现了文化保护、社会教育、大众创客、产业服务、旅游观光、休闲娱乐等多功能融合发展，重点在社会教育方面深耕细作。目前九居谷已经设计了"非遗文化讲堂"课程，该课程与甘肃广播总台深度合作，一同制作了文化访谈节目（每周六上午十点在甘肃广播 FM 106.6 频道播出的《专家说非遗》）。另外，在九居谷"遇见乡愁"创意区还设置了乡创工坊。乡创工坊以九居谷四大非遗项目及其文化元素为基础，将工匠通过加工、打磨、创制等方式制作的纯手工制品展示在游客的面前。游客可以根据自己的需要选择自己喜欢的成品购买。另外，游客也可以在现场跟着研学导师和乡村手艺人学习制作自己喜欢的手工制品。

另外，九居谷地质文化村还根据四大非遗项目创立了"非遗实践创意课堂"，将四大非遗项目数字化保存，并且与甘肃各大院校合作，让"非遗"作为素质拓展讲座和甘肃文化自信教育专题讲座课程进校园，受到了广大学生的喜爱并取得了很好的成效。

九居谷开发设计了六个专题"非遗实践创意课程，"主要设计思路如下。

课程一：非遗速览

让参访者通过观看历史电影，参观非遗、民俗展览及体验互动等形式，概要了解和学习中国历史、优秀传统文化、地方民俗风情、甘肃非遗保护概况、文化遗产价值，从而拓宽视野，开发智力，增加知识面，增强爱国爱家意识。

课程二：非遗面食制作工艺

九居福面制作体验：学生在参观过程中可以在面点老师的指导下亲手制作

一碗面，感受传统技艺的魅力，开发学生的动手能力，了解地方民俗风情。

课程三：传统绘画艺术

在老师的指导下，学生在空白的风筝、纸伞、泥老虎、脸谱等物品上，利用当地剪纸、彩绘等非遗文化元素创作并绘制各类图案，体验动手制作的乐趣，感受传统文化艺术的魅力。

课程四：体验民间手绣技艺

穿越时空，坐在传统环境中，手拿绣花针，自己穿针引线，创造自己的手绣作品，体验传统手工艺，陶冶情操。

课程五：传统雕塑艺术

在老师的指导下，学习传统雕塑的立体造型艺术，自己动手创作各类雕塑作品，培养学生的感知力和审美力，拓宽视野，开启心智，练就本领，提高想象力和记忆力，提升品位和修养。

课程六：当一回铁匠

九居谷的四大非遗项目之一——"铁匠技艺"深受游客的喜爱，游客可以跟着师傅从拣料、烧料、锻打、定型、抛钢、淬火、回火、泽油等步骤来锻造自己喜欢的铁制工艺品。

根据创意主题，九居谷特意设计了"九居福里"特色民居（见图4-9）。该民宿主题为"放缓脚步，享受美景与远方、时光与情怀、洒脱与自在，体验乡村特色民居，感受田间乡愁记忆，寻找最本真的情怀与久违的归属感"。这样的民宿不同于传统的旅馆。它也许没有高级奢华的设施，但它能让人体验当地风情，感受民宿主人的热情与服务，并体验有别于常规旅居的生活。

图4-9 "九居福里"特色民居

　　九居谷注重乡土文化特色的挖掘，加大无形文化资源的转化，有计划、分阶段地启动实施传统工艺振兴计划，培育具有民族特色和地域特色的传统工艺产品，培养九居谷非物质文化遗产传承人，弘扬和践行工匠精神，促进九居谷乡村传统工艺提高品质、传承创新。

第五章

建 设 实 施

地质文化村（镇）应根据建设方案，结合村（镇）实际情况，统筹基础设施建设、美丽乡村建设、旅游开发、环境保护等工作内容和资金渠道，充分调动和依靠村民力量，有序推进，分步实施。地质文化村（镇）建设实施一般包括基础设施、科普解说设施和服务设施三方面内容。

第一节　基础设施建设

一、建设思路与原则

地质文化村基础设施建设包括各种道路、给排水、供电、卫生间、停车场、污水垃圾处理、村容村貌绿化美化等。建设要求达到村（镇）内外部道路通畅，车辆可达性好；排水、供电网络完善；有卫生间、停车场、污水垃圾处理等公共设施；村容村貌做到净化、绿化、美化。

九居谷地质文化村在建设上主要依托丹霞地貌特有资源，按照"地质+"的谷域经济模式，将谷域或沟域内部地质资源、景观、产业、村庄等元素统一整合，综合集成旅游观光、生态涵养、历史文化、文化创意、科普教育等内容，建成形式多样、产业融合、特色鲜明的谷域产业经济带，从而实现山区经济、社会、环境等综合效应的一种发展形态。

在九居谷地质文化村的建设过程中还特别注重"生态、绿色、古韵、自然、和谐"的设计和建设原则，主要表现为以下几点。

① 保持原有生态，形成优美的自然景观，禁止过度推山削坡。

② 利用池塘种植亲水植物、观赏植物，改观景观池塘，净化污水。

③ 进行溪流、沟渠、池塘的驳岸整治，并采用卵石、块石等地方石材；建设过程采用自然古朴做法，保持自然水岸风貌，减少或避免使用水泥、栏杆。

④ 用蔬菜、野花等乡土植物绿化房前屋后，用油菜花、当地特有的果树、蔬菜进行乡村绿地建设，让田间步道变为乡野绿道，用小三园（小菜园、小果园、小花园）装点乡村环境，坚决杜绝乡村环境整治城市化。

⑤ 乡村公共场所和道路尽量用当地石材或砖瓦铺设，保留乡土气息，用传统工艺铺设出传统乡村风貌。

二、建设情况

九居谷地质文化村在建设过程中主要依托独特的丹霞地质、地貌优势和淳朴的乡土风情，以"地质观园、康养福地"为总体定位，通过环境整治、文化挖掘、服务提升、完善旅游基础配套等设施，打造以地质生态文化体验为特色的旅游产品，树立区域乡村旅游品牌，构筑集"地质风貌游览、民俗文化体验、农事活动参与、休闲娱乐运动、地质科普研学"等功能于一体的地质文化村。

（一）建设周期

九居谷总体规划面积约为 101 万 m^2，总投资 1.1 亿元，分三期建设打造：一期为乡创核心区；二期为户外体验区；三期为人文景观区。一期工程建设投资 2 000 万元，计划完成基础配套设施、停车场建设、九户院落改造。二期工程建设投资 7 000 万元，计划完成地质博物馆、乡村培训会议中心、景观台、研学基地及村庄周边各类景观建造。三期工程建设投资 2 000 万元，计划完成九居印象区的打造。

（二）功能布局

九居谷建设以"一心、一带、四片区"为总体规划和建设思路。"一心"是指乡创体验中心，"一带"是指地质景观带，"四片区"是指景区内的四个功能区：九居印象区、地质文化探秘区、乡创核心区和九居康养区（见图 5-1）。

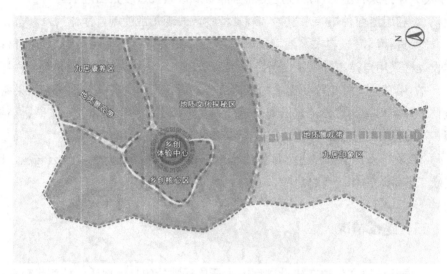

图 5-1　九居谷总体建设布局图

（三）景区大门

景区大门的设计主题鲜明，以铁锈色材质表达丹霞地质的独特性，并通过加入乡村房屋建筑元素，体现了九居谷地质文化村淳朴的特色（见图 5-2）。

图 5-2　九居谷景区大门样式

图5-2 九居谷景区大门样式（续）

（四）道路绿化

九居谷道路建设充分考虑了当地村民喜欢在院落四周及道路两侧种植林带的习惯，尽量考虑现状道路两侧林带，避免了大面积破坏现状绿化，道路两侧根据实际情况可种植 2～6 m 林带。新增道路两侧种植 4～6 m 的林带，树种以当地的白杨为主。图5-3 是九居谷道路绿化效果图。

图5-3 九居谷道路绿化效果图

（五）停车场

停车场规划建设在景区大门口附近，占地面积约 13 108 m²，停车位 263 个，由当地企业负责承建。用透气、透水性铺装材料铺设地面，并间隔栽植一定量的乔木，形成绿荫覆盖，将停车空间与园林绿化空间有机结合，最终达到"树下停车，车下有草，车上有树"的环保效果，确保景观节点的可达性。此外，此区域规划观景科考步道 500 m，建设垃圾箱 5 个，AAA 级厕所 1 个。图 5-4 和图 5-5 是九居谷停车场规划与建设图，图 5-6 和图 5-7 是九居谷厕所建设效果图，图 5-8 和图 5-9 是九居谷垃圾桶。

图 5-4　九居谷停车场规划及建设图（一）

图 5-5　九居谷停车场规划及建设图（二）

图5-6　九居谷厕所建设效果图（一）

图5-7　九居谷厕所建设效果图（二）

图5-8　九居谷垃圾桶（一）

图5-9　九居谷垃圾桶（二）

（六）文化形象墙

在原有植被的基础上增加村庄及四周的植被覆盖率，按规划种植了当地的旱柳、国槐、梨树、白杨等乔木，木槿、沙棘、紫丁香等灌木，狗尾草、蒲公英、苔草等地被，增加植被覆盖面积约 400 m^2。图 5-10 是九居谷文化形象墙建设实景图。

图 5-10　九居谷文化形象墙建设实景图

（七）排水系统

九居谷的排水体制采用雨污分流制，雨水经自然排水系统或雨水管网系统收集后直接排放，所有生活污水经污水管网收集后汇流入污水处理站，处理后可排入自然水体或者回收利用，经处理后的生活污水达到Ⅱ类以上标准并排入下游地区。污水处理站应布置在夏季主导风向下方。污水处理设施周围要有绿化隔离带，且与周围环境协调一致。图 5-11 是九居谷排水系统规划建设图。

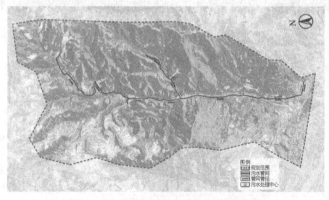

图 5-11　九居谷排水系统规划建设图

（八）电力系统

九居谷用电设施基本完善，但尚不能满足未来景区发展需要。九居谷规划建设有酒店、民宿、商业、夜景、办公、娱乐设施等建筑。依据《城市电力规划规范》，结合九居谷景区用电现状及发展要求，在现状变压器所在位置设置了一处配电室，低压出线与现有布网格局相衔接，配电到点、配电到户。图5-12是九居谷电力系统规划建设图。

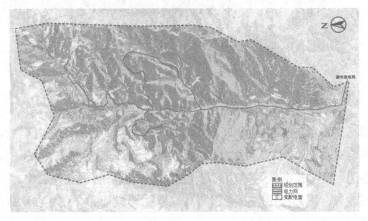

图5-12 九居谷电力系统规划建设图

（九）电信系统

九居谷目前旅游通信设施相对薄弱。受社会经济和自然条件的限制，景区内暂时没有系统的有线电话接入，手机信号未全覆盖。为了配合地质观光、休闲度假、生态康养的旅游发展需要，九居谷的电信规划主要考虑电话、光纤网络和有线电视网络等，建成后的乡村旅游基地与其他旅游景点形成全方位、立体化的通信网络。由漳县三岔镇电信所沿景区公路、游步道敷设电信光缆至各接待站点，电信光缆沿公路、游步道与10 kV电力线异侧埋地敷设，电信光缆干线形成环形敷设。在人流聚集区域设置必要的公用电话，并考虑休闲康养人员的需要。除电话外，旅游区内的管理人员可配备一定数量的对讲机，以确保信息通畅，并对不测事件做出迅速反应。在游客服务中心设置集电信、邮政服务于一体的小型邮电所，提供纪念戳、本地纪念封、明信片、纪念邮票等，为游客及附近常住居民提供便捷服务。图5-13是九居谷电信系统规划建设图。

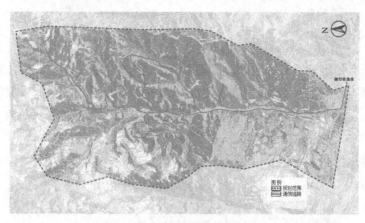

图5-13　九居谷电信系统规划建设图

（十）防灾系统

规划村庄内主要连接道路作为消防通道。疏散场地、景区内广场、绿地、道路等作为主要避震疏散场地，同时配以医疗点。将景区防灾指挥中心设置在乡创核心区，受灾时由景区管理部门组建。积极做好防火宣传工作，加强防火、灭火常识教育，提高全民防火意识，增强自防自救能力。图5-14是九居谷防灾系统规划建设图。

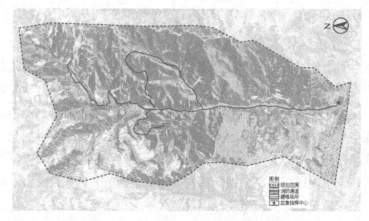

图5-14　九居谷防灾系统规划建设图

（十一）景观与绿地系统

采用相对稀疏的乔木布局，既保持两侧视野的通透，又与外界隔离开，形成一个相对独立的入口空间。乔木以观赏价值较高且芳香类植物为主,林下搭配花灌木和地被植物,塑造出春季花团锦簇,夏季浓荫蔽日、凉爽宜人,秋季色彩斑斓的植物景观。对景区原有道路进行扩容提升,完善道路设施配套,增加指示牌、换乘站、休息点等。新建景区观光车道、游步道(见图5-15),配套设置观光车换乘点和停靠点,使景区道路系统进一步完善。合理组织多样交通形式,构建特色化、舒适化的交通体验。

　　游步道宽度设置为1.5~4.0 m,贯穿景区的全部路段,主要分为地质观光步道、乡村休闲步道、山体观光步道、滨水休闲步道四种类型(见图5-16~图5-19)。

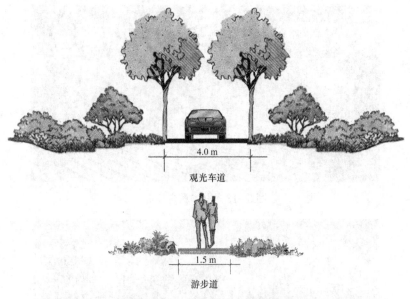

图5-15　观光车道和游步道

图5-16　地质观光步道

图 5-17　乡村休闲步道

图 5-18　山体观光步道

图 5-19　滨水休闲步道

（十二）特色交通工具

　　为增加旅游的体验性，九居谷还特意打造了特色交通工具，如乡村驴车、马车、观光电瓶车等（见图 5-20）。

图 5-20 九居谷特色交通工具

第二节 科普解说设施建设

一、建设要求及思路

地质文化村（镇）的科普解说设施包括标志牌/碑、村（镇）指引牌、科普解说牌、科普长廊等。在地质文化村内，科普解说设施必须要一应俱全，并且要求在以发展乡村休闲游、自然教育为特色的村（镇）需有一定面积的科普活动场所、一定长度的研学（游览）步道等设施。科普材料一般是就地取材，要求样式统一、色彩协调、特色突出；村标、村碑等经久耐用、维护容易；科普内容要求文字准确、通俗易懂、趣味性强；科考研学游览步道要易于通行、安全便捷。

二、建设情况

（一）九居印象区

九居印象区以山石、旱地为主，全长大约 1.8 km，规划面积约 350 000 km^2。该区域植被种类稀少，覆盖面积小；道路为硬化水泥路，道路两边为排洪沟。该片区是游客进入九居谷地质文化村的主要通道，此处景观的规划是游客对九居谷地质文化村的第一印象。

建设方向：河道生态修复、植被绿化、道路建设、标识标牌、景观亮化、公共服务设施、互动体验、停车场。

（二）地质文化探秘体验区

该区域处于丹霞地质带，有着丰富的山地地形条件，山峰奇特，造型优美，是徒步、观光、体验、科考的最佳区位。片区主要以丹霞地貌、草地、林地、农耕用地为主，其中规划总用地面积为 640 000 m^2。

建设方向：地质科普线路、研学（游览）步道、户外体验、休闲区域、军事拓展、景观亮化、标识标牌、地质观赏、农耕文化体验、基础服务设施。

（三）乡创核心区

乡创核心区位于核心地块，在主干道北侧，总面积为 27 800 m²。现有的农家院景观性较差，房屋破损且规模小，房屋排列不规范，没有特色，体验活动少。

建设方向：道路建设、文化广场、景观亮化、人文景观、房屋改造、停车场、标识标牌、基础服务设施、娱乐设施、游客咨询服务场所、医疗室、住宿、餐饮、便利店、茶吧、乡创工坊、地学课堂、地质科普长廊。

表 5-1 列示了九居谷地质文化村的土地综合现状。

表 5-1　土地综合现状

用地性质	占地面积约/m²	比例/%
旱地	107 720	10.5
农村道路	12 070	1.2
草地	113 570	11.2
有林地	144 270	14.2
山地	500 970	49.3
其他用地	139 200	13.6
总用地	1 017 800	100

（四）标识系统

九居谷地质文化村各类导览标识系统的规划设计以地质生态环保材料为主，不仅统一内部标识，而且突出各功能分区内部特色，标识设施的尺寸、材质、造型、色彩等要与九居谷地质生态文化环境相协调，整体布局合理，标识醒目，体现人性化，方便游客游览。九居谷地质文化村设置了导向标识牌、全景导视牌、景物介绍牌、警示（关怀）牌等导向标识系统，良好的标识系统能为景区带来丰厚的经济效益，同时也为景区的后续发展奠定基础。图 5-21 是九居谷的部分标识系统。

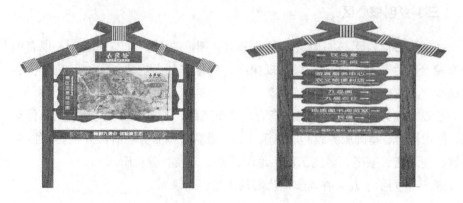

图 5-21 九居谷部分标识系统

在入口处设置导视牌 8 块，景区入口标识牌 1 块，景区入口主碑 1 块，全景图牌 1 块，道路指示牌 3 块，警示牌 3 块，导览图牌 2 个，道路指示牌 6 个，地质景观特征、人文景观介绍解说牌 4 个。图 5-22 和图 5-23 是九居谷的部分标识牌。

图 5-22 九居谷部分标识牌（一）

图 5-23 九居谷部分标识牌（二）

图 5-23 九居谷部分标识牌（二）（续）

1. 九居导视墙

在九居印象区入口处设立了景观导视墙（见图 5-24），九居导视墙面积约 2 500 m²。导视墙的作用是：以第一人称的口吻欢迎游客的到来，并展示九居印象区所包含的人文景观、生态观光、休闲娱乐。导视墙周围种植灌木、地被等植物景观。

图 5-24 九居谷导视墙

2. 地质科普长廊

地质科普长廊（见图 5-25）由地质博物馆、AR 互动体验区、民俗博物馆、乡创工坊等组成。

图 5-25 九居谷地质科普长廊

3. 科普文化广场

科普文化广场建设于村庄原有打谷场，由运营企业承担提升改造，主要用于乡村戏曲演艺，集中展示民俗文化和科普宣传，布展面积约 100 m²（见图5-26）。

图 5-26 九居谷科普文化广场局部照片

4. 研学课堂

研学课堂由村内原居民的房屋空场地改造建设，面积约 400 m²（见图5-27）。

图5-27　九居谷研学课堂情景照片

5. 地质科普馆

地质科普馆通过雕刻、沙盘模型、3D 全景、全息投影、互动教学等方式呈现九居谷的形成过程及机制，同时兼顾大型会议厅及高端住宿的功能（总面积约 1 625 m²）。在规划阶段，设计了一组突出地质文化特质的科普馆（见图 5-28）。

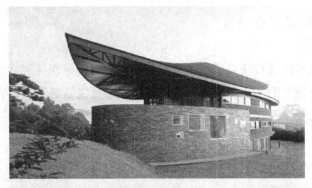

图5-28　九居谷地质科普馆外观

图 5-28　九居谷地质科普馆外观（续）

第三节　服务设施建设

一、建设要求及思路

地质文化村的建设还必须考虑基本的住宿和餐饮等服务接待能力，可以根据地质文化村特有的文化及资源，提供土特产品及生活必需品销售点。同时配备一些基本的安全医疗场所，如医疗室、游客心理咨询室。

二、建设情况

在主干道北侧，9 户居民居住区规划建设乡创核心区，总面积为 27 800 m²。该区域的建设内容包括：道路、文化广场、景观亮化、人文景观、房屋改造、停车场、标识标牌、基础服务设施、娱乐设施、游客咨询服务场所、医疗室、住宿、餐饮、便利店、茶吧、乡创工坊、地学课堂、地质科普长廊。

（一）商品服务站

在赏花台一侧建立游客商品服务站（见图 5-29），临时为游客提供瓜果、饮料、小吃、茶点等商品，以补充身体能量和水分。

图 5-29 九居谷商品服务站

（二）医疗室及咨询服务中心

将地质图书阅览室和医疗室、咨询服务中心进行集中建设（见图 5-30）。

图 5-30 九居谷医疗室及咨询中心

（三）电子商务研发中心

电子商务研发中心效果图如图 5-31 所示。

图 5-31 九居谷电子商务研发中心效果图

117

图5-31　九居谷电子商务研发中心效果图（续）

（四）乡创书院

图5-32是九居谷乡创书院内景及外观。

图5-32　九居谷乡创书院内景及外观

（五）旋转茶吧

图5-33是九居谷旋转茶吧外观。

图5-33　九居谷旋转茶吧外观

（六）乡村会议中心

图5-34是九居谷乡村会议中心外观及内景。

图5-34　九居谷乡村会议中心外观及内景

（七）农耕记忆馆

农耕记忆馆主体房屋建设由企业承担，用于存放历史文物、书籍和举行小型会议，同时服务于村民和游客了解地质文化村文化内涵和相关知识的需要。室内布展约 200 m²（见图 5-35）。

图 5-35　九居谷农耕记忆馆

（八）民宿改造

民宿的主体房屋建造由企业承担，房屋外墙统一以泥土色涂料（或直接泥土）粉刷，保留原有风格。门窗、房屋支柱及房椽采用当地传统制作工艺，展现传统乡村文化。院内用青砖铺设小路，周围设置草坪、花坛、景观小品等，墙上挂玉米、辣椒、蒜等以体现乡村特色。目前，1 号院和 3 号院已改造完成，总建设面积为 7 000 m²。图 5-36 是九居谷民宿内景。

图 5-36　九居谷民宿内景

（九）工坊建设

工坊规划建设于村子西侧，距离民宿较近并处于游览路线旁，以展示和体验地域传统民俗文化为主，主体房屋建造由企业承担。工坊向游客展示一系列的手工艺品，供游客体验和购买。图5-37是九居工坊外观。

图5-37 九居工坊外观

（十）观景平台

在花海对面设立赏花台，一方面便于游客观赏花景，另一方面为游客提供短暂的休憩场所，面积约140 m²，设置座椅8张，供游人休憩、观景（见图5-38）。

图5-38 九居谷赏花观景台

121

图 5-38 九居谷赏花观景台（续）

（十一）植物景观建设

植物景观建设由企业承担完成，其中九居印象主要以稻草艺术的形式向游客展示九居谷的农耕文化、生活场景、故事传说等，同时设置扎稻草体验区，让游客亲身体验扎稻草的乐趣；征用九居谷部分梯田打造花海景观，花海选用花期相近且花期较长的不同花种，有规划地大面积种植，供游客观赏；在穿越草海单元，利用河滩开阔平地有规划地种植地被植物，供游客观赏。草海中间设置木桩人行道，游客可以通过木桩穿越草海，在观景的同时增加乐趣。木桩分为两排，开始时并排排布，一段路程之后，设计为前后错开排布，寓意是"不是所有的路都有人陪你走，要有独立自主、坚强的内心"。

第六章

策 划 宣 传

　　根据《指南》要求，地质文化村要在一定的建设基础上进行申报，经评审后方可获得最终授牌。申报是由拟申报的村（镇）所在地县级人民政府自愿提出，通过省级自然资源行政主管部门、省级地质学会审核、推荐。评审则是按相关要求完成建设后，按照中国地质学会《地质文化村（镇）评审授牌和监督管理办法》的要求，形成地质文化村（镇）建设报告。中国地质学会负责组织实施地质文化村（镇）评审工作。地质文化村（镇）采取定期集中申报的方式，具体时间以中国地质学会公告为准。通过专家评审后获批通过的地质文化村（镇）经过公示后，由中国地质学会授予地质文化村（镇）牌匾和证书，并向社会公布。

　　另外，地质文化村（镇）的发展和建设离不开创意性的宣传和推广，要及时通过主题网站、电视媒体、报纸杂志、自媒体、融媒体等平台对地质文化村（镇）进行宣传推广，全面宣传村庄的特色经济产品和文化，提高地质文化村（镇）的知名度和吸引力。本章主要结合九居谷地质文化村的策划运营和宣传工作介绍地质文化村在策划运营时需要注意的问题。

第一节　策 划 原 则

　　文旅策划就其本质而言，是文化的营造和再现。缺乏创造性的文旅策划是没有生命力的。"发现"是文旅产品策划的起点，策划过程也就是发现问题、分析问题和解决问题的过程[①]。

---

　　① 卢良志，吴耀宇，吴江. 旅游策划学. 2 版. 北京：旅游教育出版社，2013.

　　旅游策划的基本原则是要树立系统观念和坚持以人为本的原则。策划者不能仅仅站在开发业主和地方官员的立场上。按策划专家王志纲先生的话说："我们既不是甲方，也不是乙方，而是丙方。"策划过程应遵循"文化为魂，合理定位，善假于物，善于创新"的原则①。

　　文化是旅游的灵魂②。地质文化村的策划过程必须要抓住文化这个灵魂，在项目开发及产品策划中加入当地自然、地质及人文色彩，以浓厚的文化气息吸引游客的注意和参与。

　　合理定位是地质文化村策划的关键内容。定位是否合理，决定着地质文化村建设发展的成败。策划者应根据旅游资源特点和旅游市场需求，对地质文化村建设项目和文旅产品进行合理的定位。

　　善假于物是地质文化村创建的技术手段。旅游策划要善于运用借景原理，巧借资源、巧借力量，以达到"好风凭借力，送我上青云"的效果③。

　　善于创新是创建的核心。策划过程应认真研究游客的心理行为，遵循旅游经济规律，提高地质文化村文创产品的品位。以品牌整合资源，以智慧创造财富，创新地质文化村的愉悦体验，打造有竞争力的文旅产品。

　　地质文化村策划需要解决的问题，归根到底是"三句话，九个字"，也就是"定位准、产品绝、操作顺"。定位准确是首要的问题。策划一个地质文化村，就像做一篇文章，首先要明确题目。要明确地质文化村建设的主题是什么？它的主要功能是什么？它的市场在哪里？它要建立的形象和实现的目标又是什么？这就是所谓的主题定位、功能定位、市场定位、目标定位和形象定位等，这些都是有关项目定位的问题。

　　准确定位之后，关键就是设计文旅产品了。地质文化村文旅项目的主题是要靠文旅产品来体现的，文旅项目的功能是要用文旅产品来保证的，文旅项目的市场更是要靠文旅产品来争取的。所以，产品设计的成功是实现策划目标的根本。一定要在打造文旅产品上下功夫，不但要做成精品、做出极品，还应立足于创造"绝品"，没有一批可以称得上"绝招"的文旅产品，就难以支撑起一个有品位、有品牌和可持续发展的地质文化村。

　　有了准确的定位和精彩的产品策划设计，还必须要保证能够顺利地实施运营。这就要回答好两个问题：一是可不可行，二是如何运营。总体来说就是可

---

① 沈祖祥. 旅游策划：理论、方法与定制化原创样本. 上海：复旦大学出版社，2007.

② 曹诗图. 哲学视野中的旅游研究. 北京：学苑出版社，2013.

③ 陈扬乐. 旅游策划：原理、方法与实践. 武汉：华中科技大学出版社，2009.

操作性的问题,一定要确保"操作顺"。应该从政策、环保、技术、投资和市场等方面,对策划的可行性进行严格论证;对项目建设的切入点、核心点和延伸点进行科学分析和合理选定,并且制订切实可行的筹资方案和建设步骤,以保证圆满地完成预期的规划目标。

九居谷地质文化村旅游发展的总体规划,是全面统筹九居谷地域自然资源、生态环境资源、人文历史资源、区域发展资源等各类旅游资源的总体发展规划,是保护九居谷自然生态环境、发展九居谷旅游产业经济、提高村民收入、增进区域认同的重要手段,是漳县旅游发展的重要支撑和强力引擎,是定西旅游产业发展的重要动力和未来乡村旅游发展的典范,是西北地质生态文化体验发展的重要指向标杆,是九居谷地质生态文化体验旅游开发、建设、管理、运营和发展的纲领性文件,其相关开发管理及运营等系列行动均应符合规划的基本要求。

合理的定位对项目的发展建设起到决定性的作用。我们通过前期大量的考察和调研讨论,最终形成了九居谷地质文化村建设发展的总体定位:依托九居谷(原名韩家沟)独特的地质优势和淳朴的乡土风情,通过环境整治、文化挖掘、服务提升,完善旅游基础配套等设施,打造以乡土风情文化体验为特色的旅游产品,树立区域乡村旅游品牌,构筑集"地质风貌游览、民俗文化体验、农事活动体验、休闲娱乐运动"等功能于一体的地质文化村,将其逐步建设成甘肃省乡村特色旅游示范地、西部乡村地质文化村和国家地质文化村。

在具体的策划建设过程中,提出了"一心、一带、四片区"的总体建设思路。"一心"是指乡创体验中心,"一带"是指地质景观带,"四片区"是指景区内的四个功能区:九居印象区、地质文化探秘区、乡创核心区和九居康养区。

第二节 策 划 内 容

一、策划内容及重点

地质文化村(镇)的策划内容主要包括主题内容策划、文旅产品策划、广告宣传策划、旅游节庆活动策划、娱乐旅游策划、生态建设策划、教育研学策划及开发建设策划等。策划过程中应着重考虑什么样的风格、什么样的思想、

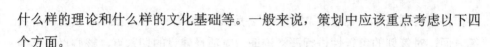

什么样的理论和什么样的文化基础等。一般来说，策划中应该重点考虑以下四个方面。

1. 战略

地质文化村（镇）策划的思想基础是制定发展战略，要着眼于宏观的长远规划，而不是局部和短期的效应，是战略而不是战术。

2. 理想

地质文化村（镇）策划是一种创造性活动，如果不从根本上改变常规思维，追求理想，标新立异，策划就无从谈起。因此，展望未来，描绘理想是地质文化村（镇）策划的认识基础。

3. 文化

地质文化村（镇）策划的过程，也就是地质文化和村镇特色文化繁殖与创造的过程，缺乏文化基础、文化背景和文化内涵的策划，是没有生命力的策划，具有特色的地质文化是地质文化村（镇）发展的基础。

4. 差异

地质文化村（镇）策划的方法基础是创造差异，不能"千村一面"，而要"一村一特"。

二、村容景区策划

（一）"九居谷"案名由来

九居谷原名"韩家沟"，是漳县城郊的一处古老村庄。在对韩家沟地质遗迹资源进行详细调查的基础上，为了整个村庄的建设发展和地质文化村的运营，经过详细的策划论证，最终将村名定为"九居谷"。缘由主要有两个：一是进入韩家沟山谷的第一印象是仅有九户人家，民风淳朴，让人倍感亲切。"九居"，契合村子只有九户人家的事实，且谐音"久居"；二是"谷"体现了当地的环境特色，峡谷隐于丹霞之中，环境优美。其中"谷"亦有禾谷，有耕者居于此、年年丰收的寓意。

"九居谷"案名策划的过程充分体现了策划的理想、文化和差异的特征。

（二）九居印象区策划设计

九居印象区是进入九居谷的主要入口，这一区域的景观对游客进入九居谷具有一定的引导作用，但此地的生态环境不佳，在开发建设过程中需以保护生态环境为第一原则。围绕九居谷生态文化的主题，利用该片区的自然地形打造"九居印象"稻草人文艺术景观、"醉美花海""穿越草海""九居花林带"等自然生态景观；通过治理河流，打造人工溪水"山涧花溪"，营造水环境氛围，为该区域增添灵动性。同时部分娱乐游览区设置了必备的基础设施和游客商品服务站。图6-1是九居印象区规划建设图。

图6-1　九居印象区规划建设图

九居印象区主要以稻草艺术的形式向游客展示九居谷的农耕文化、生活场景、故事传说等，同时设置扎稻草体验区，让游客亲身体验扎稻草的乐趣。九居印象区分为五大区域，分别为：农耕文化、青春芳华、奇趣世界、故事传说、互动体验。

图6-2是九居印象区农耕文化策划设计图。

图6-2　九居印象区农耕文化策划设计图

通过稻草艺术的形式展现当地乡民的农耕方式、农耕工具、农耕活动等，如晒谷、收割小麦、种田等。

图6-3是九居印象区青春芳华策划设计图。

图6-3　九居印象区青春芳华策划设计图

通过稻草艺术的形式展现美好乡愁承载的童年、青春生活记忆等，让下一代走进、了解上一辈的生活方式。

通过稻草艺术的形式打造乡村家畜或野生动物展示园，呈现精彩的动物世界。图6-4是九居印象区奇趣世界策划设计图。

图6-4　九居印象区奇趣世界策划设计图

通过稻草艺术的形式向游客讲述当地的神话故事、名人传说、革命故事等。
图6-5是九居印象区故事传说策划设计图。

图6-5　九居印象区故事传说策划设计图

游客可以亲身体验扎稻草等活动。图6-6是九居印象区互动体验策划设计图。

图6-6　九居印象区互动体验策划设计图

九居花溪的策划是在九居印象区的基础上将九居谷内原有的排洪沟进行

了修整和河道治理，并在原址上修建了两处喷泉，分别命名为"水滴泉"和"花汀泉"，原来的排洪沟命名为"九居花溪"。其中，"花汀泉"以郁金香花为造型元素设计水泉，河面搭建汀水桥，以便游客娱乐。"水滴泉"以水滴为造型元素设计水泉，河面搭建蜿蜒石桥。溪水上方建造花汀泉，下方建造水滴泉，寓意水乃万物生存之本，侧面暗示游客保护水资源。这种变废为宝的策划，大幅提升了村庄的旅游和文化层次。另外，还征用九居谷部分梯田打造设计了"九居花海"景观区。"九居花海"选用花期相近且花期较长的不同花种，有规划地大面积种植，供游客观赏。

图6-7是"九居花溪"策划设计图，图6-8是"九居花海"创意效果图。

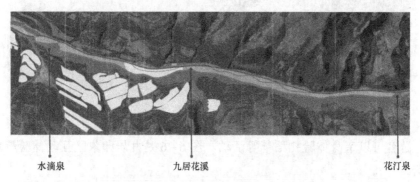

水滴泉　　　　　　　　　　九居花溪　　　　　　　　　　花汀泉

图6-7　"九居花溪"策划设计图

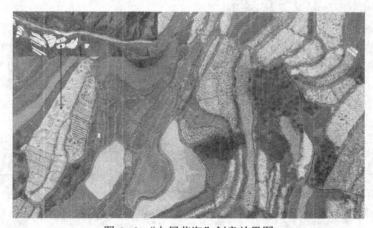

图6-8　"九居花海"创意效果图

（三）地质文化探秘区策划设计

由于该区域为丹霞地貌景观最佳观赏区域，生态环境保护也最好，未受到人为破坏，因此针对该区域计划以生态环境保护为第一原则，利用丰富的自然地质资源，打造山地徒步观光旅游线——将九居谷探秘及地质科普研学基地与乡创核心区连接起来，整体打造集地质观光、地质研学、餐饮娱乐等功能为一体的旅游片区。在该片区的开发建设中，策划了植被观景游览、九居谷探秘-地质研学、山体观光、农事体验、九居茶吧、九居观景台、九居滑草场、九居养殖中心等项目。图6-9是九居谷地质文化探秘区策划设计图。

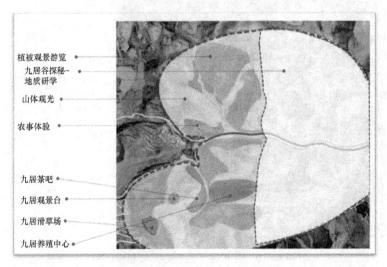

植被观景游览
九居谷探秘-
地质研学
山体观光
农事体验
九居茶吧
九居观景台
九居滑草场
九居养殖中心

图6-9　九居谷地质文化探秘区策划设计图

（四）乡创核心区策划设计

该区域的策划设计思路为：在九居谷居民原有房屋的基础上新建或改造，打造乡村民宿中心。这部分主要由民宿中心和周边游览区两部分组成，民宿中心由民宿、九居工坊、乡村文化广场及村史馆组成。村内有9家住户，其中8家改造为民宿，主要提供餐饮与住宿；1家改造为村史馆，用于存放历史文物和举行重要会议，以及开展地质研学课堂。九居工坊规划建设于村子西侧，距离民宿较近并处于游览路线旁，以展示和体验地域传统民俗文化为主，围绕九居谷及漳县的民俗文化与传统艺术，向游客提供手工艺品展示、体验、购物等服务；乡村文化广场建设于原有打谷场，用于乡村戏曲演绎。村子周边建设有许愿池叠水景观、休息亭及水坝，许愿池叠水是在村内原有遗址鹿鸣池的基础上改造的；休息亭用于游客喝茶休息；水坝在原有河面基础上建造，用于拦水形成水瀑。图6-10是九居谷乡创核心区策划设计图，图6-11是九居谷乡创核心区民宿效果图。

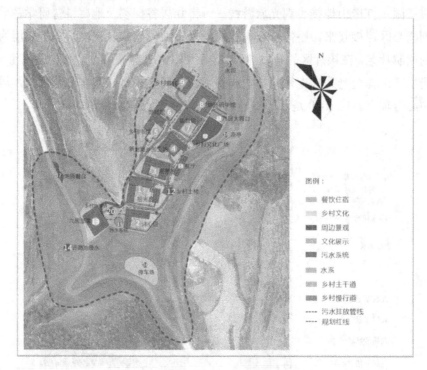

图6-10 九居谷乡创核心区策划设计图

图6-11 九居谷乡创核心区民宿效果图

为了更好地增加游客体验感，特将乡创核心区修建的民居赋予了不同的主题和名称。

一号院：取名拾光居，主题为遇见乡愁。主要功能为餐饮、娱乐休闲，内含包厢、娱乐室。院内凉亭可用于休闲、观景等。院落外观建设完成后，室内室外装修均采用古朴风格+乡村气息布景。内有当地特色餐饮，并摆放了具有当地特色的老物件。

二号院：取名沐心居，主题为修心养性。主要功能为喝茶、娱乐休闲。总共建设两层，一层包含茶室、娱乐室及卫生间；二层包含观景茶室。院落外观建设完成后，室内室外装修均采用古朴风格+乡村气息布景。

三号院：取名康养居，主题为康体养生。主要功能为餐饮，为游客提供当地特色养生汤，材料均由当地农民种植。设计为圆形建筑，共有5个圆，代表五谷丰登。院落外观建设完成后，室内整体装修风格以养生主题为主，在为游客提供养生汤的同时，营造安静怡心的环境。

四号院：取名新丝路乡创工坊，主题为新丝路乡创。主要功能是为游客提供乡村土特产、非物质文化遗产展示。院落外观建设完成后，室内整体装修风格以乡村风格为主，主要用于展示乡村特色农产品、乡村文化产品等。

五号院：取名乡创书院，主题为乡村书院。主要功能为看书、休闲，让游客及村民体验乡村中看书的诗情画意。

六号院：取名悠然居，主题为悠然见南山。主要功能为餐饮、娱乐休闲。包含厨房、包厢、娱乐室和露台，院内凉亭可用于休憩、吃饭、观景等。院落外观建设完成后，以丹霞地质公园为主题进行装修，打造成悠然见南山的地质主题餐厅，展示国内外著名丹霞山盛景。

七号院：取名返璞居，主题为返璞归真。主要功能为住宿，外观以石头为材料建造，内部使用特殊材料制作成山洞效果。院落外观建设完成后，以丹霞地质公园为主题建造民宿，内部装修体现山洞效果。

八号院：为地质研学馆，主题为地质研学。主要功能为地质类知识科普、特殊地质岩石展示、地质研学课堂。

九号院：为乡村客栈（取名九居客栈），主题为特色民宿，外观采用现代与古老乡村相结合的风格。院内使用原生态石头为原材料制作休憩桌凳。客栈中有九间客房，每间客房都有不同的装修风格、不同的观景效果。

（五）九居康养区策划设计

该区域的策划设计思路为：依托错落有致的山林资源与风景秀丽的田园风光。山林奇俊多秀木，静水清流怀宁柔。在主打养生健康的主题下，充分利用天然林木氧吧资源与山间流水景观共同打造养生府谷。同时还充分利用乡村慢节奏生活，归园田居的"淳"和远离喧嚣的"朴"来打造"忆乡"的乡愁主题资源景观区，重点突出九居谷的乡村情感与康养价值。

三、旅游线路策划

为了让游客充分感受九居谷特色自然资源及人文气息，还需要对旅游线路进行详细的策划设计。目前九居谷策划设计的五大主要路线分别为："遇见乡愁"线路、"地质观光"线路、"地质研学"线路、"九居探秘"线路和"九居乐玩"线路。

1. "遇见乡愁"线路

"遇见乡愁"线路是回归乡里、体验乡俗的首选路线。从停车场沿路向上行走约 200 m 抵达线路入口。整条线路从许愿池至乡村文化广场，游程 1~3 h。"遇见乡愁"线路不仅有美景可赏，而且还能亲身体会当地的民俗民风。淳朴热情的乡民，幽静独特的乡道，馥郁芬芳的茶香，特色温馨的民宿，美味可口的佳肴，精彩绝妙的民俗演绎，都可以让游客感受到家一般的浓浓温情。图 6-12 是"遇见乡愁"线路途经景点。

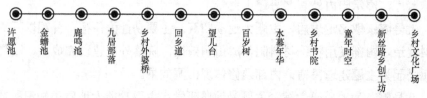

图 6-12 "遇见乡愁"线路途经景点

2. "地质观光"线路

"地质观光"线路是九居谷地质观光游览的最佳路线，整条线路山体离散，崖崖独立成峰、峰峰相映成趣，是近距离欣赏、接触丹霞地貌的最佳游线。线路上建有地质观景台，游客可以在观景台上一览地质奇观。图 6-13 是"地质观光"线路途经景点。

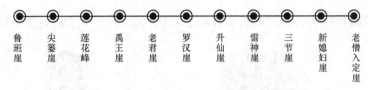

图6-13 "地质观光"线路途经景点

3. "地质研学"线路

"地质研学"线路是九居谷为科研教育设计的一条特色线路，线路通过"寓教于动，寓教于情，寓教于乐"的教育方式，让学生、游客轻松地获取地质相关知识。图6-14是"地质研学"线路途经景点。

图6-14 "地质研学"线路途经景点

4. "九居探秘"线路

"九居探秘"线路是为有特殊需求游客提供的户外探秘线路，经此线路游客可以从不同的角度领略九居谷的壮观奇景。"九居探秘"线路众多，难易、危险程度各不相同，可以满足不同游客的需求。九居谷的每一处山谷都有它的神秘之处，都值得一探。"九居探秘"一号线路从许愿池景点起，由山路向上途经山坡自助露营地等，最终到达观景山。该线路是全览九居谷村落风情的最佳线路，难度、危险程度较低，适合大众探秘。

5. "九居乐玩"线路

"九居乐玩"线路是为游客提供的娱乐体验路线，从飞瀑、小溪水接力，到九居乐园体验各类娱乐项目，再到陆地滑索体验空中滑索乐趣（陆地滑索适合所有人群），全程1～2 h。"九居乐玩"线路是游客释放压力的最佳线路，也是亲子娱乐体验的绝佳线路。

四、导视系统策划设计

针对九居谷的特色，策划的导视系统主要有两类：一类是凸显九居谷的丹霞地貌特色，采用仿地质标识的导视系统；另一类是采用乡村元素的导视系统，整体在色调上采用木质色及土色体现乡村特色。图6-15是九居谷采用仿地质标识的导视系统示例，图 6-16 是九居谷采用乡村元素的导视系统示例。

图 6-15　九居谷采用仿地质标识的导视系统示例

图 6-16　九居谷采用乡村元素的导视系统示例

五、视觉识别系统策划设计

视觉识别（visual identity，VI）是静态识别符号的具体化、视觉化，项目最多、层面最广、效果最直接。视觉识别系统用完整的视觉传达体系，将企业理念、文化特质、服务内容、企业规范等抽象语意转换为具体的符号。

九居谷的视觉识别系统整体由毛笔字体、印章和标语三部分组成，设计时充分考虑了九居谷的特色，并对 logo 的制作和使用做了严格规定（见图 6-17）。

136

图6-17 九居谷地质文化村 logo 及其设计内涵

该 logo 整体由毛笔字体、印章和标语三部分组成。a 部分使用毛笔字体，展现了中国文化的博大精深，体现了九居谷的历史久远，使整个 logo 大气而不失张力，能给人很直观的记忆；b 部分为印章形式，属于中国传统文化，代表了九居谷丹霞地貌是大自然赐予的印迹；c 部分为景区定位标语，在 logo 中展示能够直观地表达出景区的整体定位。图 6-18 是九居谷视觉识别系统设计标准，图 6-19～图 6-21 是九居谷视觉识别系统应用示例。

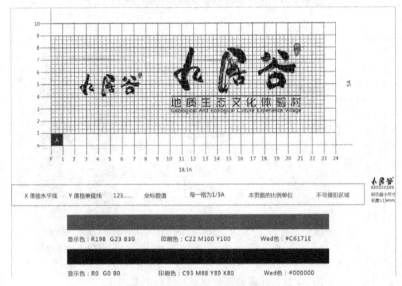

图6-18 九居谷视觉识别系统设计标准

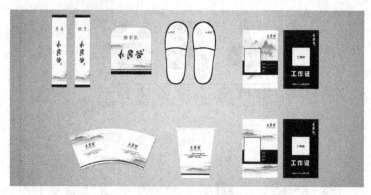

图 6-19　九居谷视觉识别系统应用示例（一）

图 6-20　九居谷视觉识别系统应用示例（二）

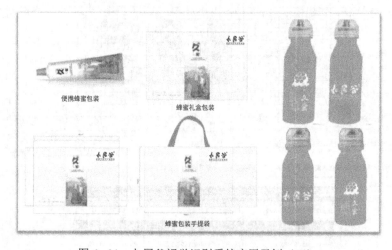

图 6-21　九居谷视觉识别系统应用示例（三）

六、运营策划

（一）党建引领

"党建引领"是九居谷地质文化村能更好地发展、更好地带动当地贫困户发展的重要举措。

思想是行动的先导。要想突破发展瓶颈，就必须解放思想。九居谷在发展乡村旅游的过程中，把解放干部群众思想工作作为重中之重。九居谷充分发挥党组织战斗堡垒作用，建立了农村乡村旅游专业合作社。通过推动联建共促，实施村级党组织联建，九居谷各合作社进行联合，同时实行以强社带弱社、统筹旅游产业发展、统筹旅游人才提升和技术支撑，以强社的先进经验补齐弱社的发展短板，做大做强区域旅游产业。基于这种思想意识，九居谷先后成立了甘肃博琳九居谷农民专业合作社联合社、甘肃博琳九居谷农民专业合作社联合社党支部，形成了以党建为引领、以组织为力量来推动九居谷地质文化村建设运营的组织模式。

（二）"三变"富民模式

在借鉴先进地区发展经验的基础上，九居谷的运营建设单位甘肃博琳国际文化发展有限公司（以下简称"博琳公司"）推出了一系列的"三变"改革方案，尝试了与当地乡村旅游融合的发展模式。

1. 资源变资产

博琳公司联合三岔镇人民政府，将属于村集体的耕地、林地、草地、水域、"四荒地"（荒山、荒丘、荒滩、荒沟）等自然资源和闲置废弃的房屋、庭院、设备、生产作坊等资源，在清查核实、确权登记和评估认定的基础上，通过一定形式入股到企业、合作社的经营主体中。同时，博琳公司还探索出将能产生价值的民俗文化、自然风光、古树、古房、古遗址、古物品等资源入股，并按相关规定进行了股权配置，村民可按股份比例获得分红收益。

2. 资金变股金

（1）财政支农项目资金转变为村集体股金

博琳公司联合三岔镇人民政府将政府各级部门投入到九居谷的项目资金和村集体申请到的财政专项扶持资金（包括生产发展类资金、农业生态和治理资金、

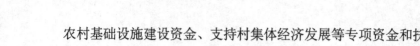

农村基础设施建设资金、支持村集体经济发展等专项资金和扶贫专项资金），在符合资金使用管理规定和国家政策要求的前提下，折股量化为村集体或该地村民享有的股金，投入到九居谷的乡村旅游发展之中，村民可按持股比例获得收益。

（2）财政到户资金转变为贫困户股金

博琳公司联合三岔镇人民政府将精准扶贫到户的财政补贴资金，在尊重建档立卡贫困户意愿的基础上，按照国家资产收益扶贫政策规定，投入到九居谷的开发运营中，同时合理确定农户持有的股份比例，通过建立利益联结机制，让建档立卡贫困户获得保息分红和收益分红，从而增加建档立卡贫困户的经济收益。

3. 农民变股东

（1）发展多种形式的土地（林地）股份合作

博琳公司和三岔镇人民政府在农民自愿的前提下，依法将农民的承包土地经营权、林地经营权等资源性资产折股量化后入股九居谷，采取"经营主体+基地+农户""经营主体+集体+农户"等多种形式的股份合作，让农民既能够就近就业而获得工资性收入，又能作为股东分享到股金分红等增值收益。

（2）发展农户住房及附属设施股份合作

博琳公司还鼓励和引导农民盘活闲置房屋、场园、自有林地及可折股量化的其他附属设施，以使用权入股，采取"经营主体+农户""经营主体+集体+农户"的形式，发展休闲农业与乡村旅游业，进而拓宽农民的增收渠道。

自 2018 年九居谷开发创建以来，博琳公司按照"清产核资、界定成员、量化资产、设置股权、颁证到户（人）"的理念，积极推进"企业+合作社+三变"的扶贫模式，共吸纳合作社社员 11 家，发展带动精准扶贫 314 户、1 206 人，每年分红资金 29.12 万元，吸纳当地劳动力 40 人，有力地推动了九居谷乡村振兴事业的发展。

七、营销策划

（一）节日营销策划

一年 12 个月，节日连续不断，每个节日都有其文化侧重点。针对节日本身的文化特色，挖掘其中深藏的营销亮点，在满足大众情感口味、精神需求的同时让节日变得更加有意思，这样才能点燃人们喜欢新鲜、愿意尝试新鲜事物的欲望。每个节日，都用大众内心最渴求的方式去做营销，这样才会实现有效

140

营销，并且形成浓厚的节日营销氛围。

据此，九居谷利用我国的传统佳节、国家法定节假日、特殊纪念日及策划设计的特色节庆对地质文化村进行了营销宣传。例如，由于快节奏的生活，人们对传统文化逐渐遗忘，为了重拾乡村传统文化，在腊月二十三至二十八期间举办乡村年货节活动，以购买生态有机食品为主题，吸引游客旅游采购。如今很多人吐槽，过年越来越没有年味，为了让人们找到儿时过年的喜庆感觉，九居谷组织了"回村过大年"活动：大年三十有乡村特色年夜饭，从正月初一到正月初五举办社火游行表演，正月十五举办逛花灯、猜灯谜、游灯阵活动，让游客度过年味十足的春节。社火是春节的重要民俗文化活动之一，因为具有丰富性、喜剧性、趣味性、喜庆性、盛大性而成为春节的一大符号，社火声响起，春节的味道才更加浓郁。抓住这个特征，在春节期间组织特色社火表演，吸引游客前去观看。表6-1是九居谷地质文化村节日营销策划情况。

表6-1 九居谷地质文化村节日营销策划情况

活动分类	活动名称	时间	营销策划
乡村节日	年货节	腊月二十三	乡村年货节
传统佳节	除夕	大年三十	乡愁·团聚
	春节	正月初一	特色社火
	元宵节	正月十五	特色花灯
	端午节	五月初五	粽子盛会
	中秋节	八月十五	人圆月圆·共度良辰
	重阳节	九月初九	登高活动
国家法定节日	元旦	1月1日	激情跨年
	五一劳动节	5月1日	旅游黄金周
特殊纪念日	三八妇女节	3月8日	与妇联相关单位联谊
	世界地球日	4月28日	与学校联合，宣传"保护地球"主题
	母亲节	5月第二个周日	宣传母爱
	六一儿童节	6月1日	联系学校庆祝
	父亲节	6月第三个周日	宣传父爱

续表

活动分类	活动名称	时间	营销策划
特殊纪念日	七一建党节	7月1日	党庆活动
	八一建军节	8月1日	宣传军旅军事活动
	九月十日教师节	9月10日	庆祝教师节
特色节庆	民俗文化节	待定	民俗活动
	赏花节	待定	赏花活动
	灯光节	待定	灯光秀、荧光跑等
	地质研学节	待定	地质知识研讨会、沙龙等

（二）举办和参与文旅活动营销策划

另外还可以通过摄影大赛、旅游推介会、特色主题日、节庆活动等形式对地质文化村的特色经济产品、美食和文化产品等进行营销推广。

据此，九居谷地质文化村特意设计了"乡村振兴暨文化振兴·探秘九居谷系列活动"（见图6-22），主要包含：乡村书画交流系列活动、乡村非遗联盟基地交流活动、乡村文化艺术节、幸福九居谷分享交流活动。

图6-22 "乡村振兴暨文化振兴·探秘九居谷系列活动"照片

九居谷建设开发团队通过参加各种线上和线下、省市县或国家级等不同层次、不同方式的会议对地质文化村进行了广泛的宣传。例如在2019年7月18日的定西市文体广电和旅游局关于召开全市文化旅游及影视项目推介座谈会上、在2019陇中文体旅游博览会暨陇西县全民健身运动会博览会上、在2019年县政协"就如何搞好全县文化旅游资源宣传推介工作"会议上，九居谷建设开发团队都参加了相关活动，并就九居谷的建设开发状况及特色进行了宣传推介。

另外,九居谷地质文化村参加了部分国际性或全国性文创大会,例如参加了2019年首届亚洲博鳌文创论坛暨文创博览会并荣获两大奖项:产业扶贫最美乡村奖和乡村振兴特别新锐奖。

此外,九居谷建设开发团队还参加了四川战旗乡村振兴培训学院举办的"新时代村庄与集体经济转型高级研修班",参加了陕西袁家村"2019乡村治理与人居环境提升暨村庄规划高级研修班",通过参观交流的方式对九居谷地质文化村进行宣传推广。

另外,九居谷地质文化村还采取和省内知名文创单位联合或建立游学联盟的方式进行宣传。例如与兰州文理学院乡村旅游发展研究中心签订甘肃乡村旅游示范基地共建协议。2021年4月30日,九居谷地质文化村与兰州文理学院旅游学院签订校企合作战略协议,被授予"乡村旅游与乡风文明双创实践基地"。2019年12月7日,九居谷地质文化村参加了自然资源部组织的评选中国十大地质文化示范村活动,并通过了评选。2021年2月,九居谷地质文化村被授予"甘肃中小学生教育实践基地""九居谷地质文化村劳动教育实践基地"。

九居谷地质文化村村委会还积极组织和参与当地的文体活动与社区活动,对文化村的发展起到了积极的推动作用。例如2019年12月29日,为了展示文化下乡活动,推动农副产品推广,九居谷地质文化村承办了秦腔大赛。2020年2月1日,在新冠肺炎疫情期间,九居谷地质文化村向三岔镇人民政府捐赠了60件大衣,为抗疫贡献了自己的绵薄之力。2020年5月20日,"漳县第二届青年集体婚礼"活动在九居谷地质文化村拍摄。倡树文明新风,助力乡村振兴。2020年5月31日,甘肃省青年实力派书画家莅临九居谷地质文化村采风。在此次采风活动中,书画家们用他们灵巧的双手、巧妙的笔法为九居谷地质文化村绘制了"九居长廊十里清风"画卷并题诗、题字,表达了书画家们对九居谷地质文化村的美好祝愿。九居谷地质文化村还参加了柳家营社区举办的第三季度党建联建会,并对此次党建联建会进行了独家赞助。2020年9月5日,九居谷地质文化村在甘肃省兰州市城关区文化产业基金会、甘肃演出行业协会的支持下举办了以"助力脱贫攻坚　促进乡村振兴"为主题的首届乡村农文旅乡创活动。

(三)乡村电商运营策划

电商作为现代农业发展的新元素,能够从产销对接、适销对路、迎合消费者需求、品牌战略、品质控制、缩短产业链条等方面,提高贫困户与现代农业发展的有机衔接；通过依托互联网、物联网、人工智能等新技术，提高了要素与资源的优化配置。电商是贫困户和现代农业发展有机衔接的重要载体，起到了扶贫先扶智（志）、脱贫可持续的效果。

九居谷地质文化村在运营策划设计上也特意增加了乡村电商的策划设计，建设了由专门团队运营的电商平台，售卖村内特色农产品，如黄芪、柴胡、家禽、家畜、野生蜂蜜等。

第三节　宣传推广

一、多元宣传实践

九居谷地质文化村在建设过程中采用了微信公众号、官网、平面媒体、网络媒体和广播等融媒体矩阵方式，用自己的宣传推广实践，启发大家：在当今媒体多元、立体化时代，要善于使用线上、线下等平台和手段，改变"酒香不怕巷子深"的传统观念，让乡村走出去、品牌竖起来。例如九居谷地质文化村制作了"山峰唯此秀，丹霞独此奇"的宣传片，该宣传片的解说词如下。

山峰唯此秀，丹霞独此奇

——漳县九居谷地质遗迹宣传片
——丝绸之路上的地质文化村

在青藏高原向黄土高原过渡的西秦岭北缘，有一处藏在深闺人未识、一朝露面天下痴的地质奇观，雄奇伟岸而又隐秘娇羞，它就是漳县九居谷地质文化村丹霞地貌。

九居谷地质文化村位于甘肃省东南部的漳县境内（韩家沟），距漳县县城3 km，交通便利。地处"丝绸之路经济带"关键节点地区，位置优越。这里色若渥丹、灿若明霞，以独特的丹霞地貌闻名于世，也是一处集丹霞地貌、峡谷地貌、水体景观、自然生态、人文景观等于一体的具有较高的美学价值和科学价值的地质遗迹景观区。

距今约 2.5 亿至 2 亿年前的印支运动，使漳县一带逐渐隆起成山，被海水淹没的地区逐渐上升成为陆地，该地区至此结束了海相沉积，开启了陆相沉积

144

的历史；2亿至0.65亿年前的燕山运动，使该地区褶皱成山，中间相对下陷，漳县盆地的轮廓基本形成，亿万年的风化剥蚀，为盆地提供了丰富的物质来源，形成了韩家沟白垩系巨厚的砂砾岩层，加之当时气候炎热、干燥，属强氧化环境，铁质氧化后使砂砾岩呈现出我们今天所见的紫红色；距今约6 500万年前开始的喜马拉雅造山运动，使青藏高原发生急剧隆升并不断扩展，受扩展影响，西秦岭地区发生强烈逆冲，九居谷飞来峰便是其最好的佐证。与此同时，白垩系沉积的软硬相间的砾岩、砂岩、泥岩沿节理面发生崩塌，并在流水侵蚀和风化剥蚀等作用下逐渐形成了我们今天所见的以翁形围谷、赤壁丹崖、丹霞石柱为代表的丹霞地貌组合。

翁形围谷是丹霞地貌发育的早期形态，它是一种红色半环形陡崖，又被称为"灶圈"，是九居谷内的一大特色景观，围谷宽100～300 m，高20～70 m，岩石环立，别有洞天。翁形围谷进一步发展逐渐形成丹霞赤壁，壁立千仞、雄奇险峻，崖壁高50～120 m，延伸近千米，代表性景观有坡沟下赤壁长崖、韩家沟丹霞赤壁等；丹霞赤壁进一步风化剥蚀，形成石柱。沟内石柱尤为壮观、典型，以鲁班崖为代表的石柱高达百米，直径15～30 m，如此高大的丹霞石柱在西北乃至中国都极为罕见。

九居谷丹霞地貌气势雄伟，颜色鲜艳，似禽似兽、栩栩如生，鲁班崖气势恢宏，禹王崖威严肃穆，新媳妇崖面容娇羞，莲花台负气含灵，小麦积山惟妙惟肖，巨舰入海澎湃磅礴……千姿百态，蔚为壮观。石柱、石钟、石堡、石墙、石峰、方山、绝壁、石笋、风蚀穴、翁形围谷等上百种丹霞地貌景观，分布在仅仅5.5 km^{2}的面积内。在如此小的范围内表现出如此丰富的形态，极为罕见，真可谓是西北丹霞地貌的集大成者，让人不得不感叹九居谷的神奇和美妙。

九居谷一带还发育有众多典型的沉积构造，包括平行层理、粒序层理等。这些沉积构造对于漳县盆地陆相沉积演化研究具有重要意义。在区域性逆冲断裂的推覆作用影响下，石关组灰岩被推覆至此，形成了典型的飞来峰构造，成为解读西秦岭演化的窗口。

九居谷不仅地质遗迹资源丰富，自然人文景观资源也绚丽多彩。

九居谷所在的漳县属亚热带温凉半湿润气候，森林覆盖率达20.92%，居定西市七县区之首，生态环境优良。植物以树木、野生药材为主，其中树种有25科35属99种，野生药材达440余种。良好的生态环境为野生动物的栖息提供了理想的场所，该地区拥有细鳞鲑、水獭、麝、羚、鹿、獐、娃娃鱼等30余种珍稀保护动物。

漳县历史悠久，漳盐上下三千年历史，滋育方圆二百里先民，逐渐结晶出一种独特的"人无我有"的立县文化——漳盐文化；同时，红色文化鲜明，1935年和1936年中国工农红军长征两次过境漳县，播下了革命火种，1936年9月23日，红军在漳县盐井镇召开了有朱德、张国焘、陈昌浩、徐向前等参加的中共中央西北局紧急会议，最后决定执行中共中央北上抗日的命令，促成了红军三大主力胜利会师；还有被誉为"海内之最"的汪氏元墓群、马家窑文化和齐家文化共存的晋家坪遗址等众多人文景观资源。

为了更好地对九居谷高品质的地质遗迹资源进行保护，发挥其科学和科普价值，地方政府引入民营企业——甘肃博琳国际文化发展有限公司，联合对九居谷进行了开发建设。开发的九居福面、九居粮仓、九居秘境以及九居福里四大体系，分别从民宿、特产、旅游探险等方面带动了该地区地质遗迹保护和旅游产业的发展。

二、网站宣传

网络作为现代生活的重要组成部分，已成为人们交流、交易、学习和宣传的主要方式，其巨大的体量和流量能够起到很大的效应。九居谷地质文化村设计了以"定西市漳县九居谷：丝绸之路上的中国地质文化村"为主题的网络宣传文章，在海外网、甘肃民营经济网、腾讯新闻、手机网易网、人民资讯网等网站进行宣传推广。

三、电视宣传

电视作为一种传统的广告宣传媒介，目前仍是除网络之外的第二大媒介手段。九居谷地质文化村拍摄的各类宣传片及相关节目先后在中央电视台国防军事频道、甘肃电视台经济频道《西部视线》栏目、福建电视台《情系定西》栏目和中央广播电视总台综合频道《生活圈》栏目相继播出，这对九居谷起到了很好的宣传作用。

四、自媒体和融媒体宣传

除网络和电视宣传之外，九居谷地质文化村还采用广播和移动媒体等多种手段进行宣传。例如 2019 年 10 月 18 日，九居谷地质文化村参加了由甘肃省文化和旅游厅、甘肃省旅游智库、甘肃省广播电视总台共同打造的《专家带你去旅行》的广播旅游专题节目。2020 年 1 月 7 日，九居谷地质文化村邀请了中国著名艺术家张保和先生为九居谷地质文化村代言，并录制视频在各网络媒体播放。2020 年 4 月 26 日，九居谷地质文化村宣传片在甘肃省广播电视总台移动电视频道《文旅时空》栏目播出。2020 年 6 月 26 日，九居谷地质文化村受甘肃旅游智库秘书处和甘肃人民广播电台都市调频《专家带你去旅行》栏目组的邀请，做客都市调频直播间，为听众朋友讲述了九居谷地质文化村发展乡村旅游、乡村振兴背景下"惠民为本"的经营之路和地质文化村创建的故事。

第七章

实践经验及前景展望

第一节　经　验　总　结

九居谷地质文化村作为全国首批、甘肃首个申报成功的地质文化村，虽然尚属挂牌建设阶段，但其有益的实践经验仍然可以为省内甚至国内其他地质文化村的申报和创建提供借鉴。

甘肃省的地质文化村申报创建工作，早在 2018 年就已开始。当时，主管全国地质文化村申报创建工作试点的是中国地质环境监测院，他们组织相关专家多次莅临甘肃省进行选址和技术指导，并对拟申报的多个备选村庄进行了考察，其中包括定西市渭源县的元古堆村、临夏回族自治州东乡县河沿村、张掖市肃南裕固族自治县榆木庄村等。九居谷地质文化村的申报创建工作迟于以上几个村镇，但却能后来居上、脱颖而出，成为甘肃首个申报成功的地质文化村，其成功原因主要有以下几点。

一、优质的"地质+文化"资源禀赋及其价值发现

拟申报和创建地质文化村的村子首先要具备典型的和具有吸引力或展示度的地质遗迹或地质文化。甘肃拟申报的几个村庄其实都具备一定的地质遗迹资源或地质文化，例如临夏东乡的河沿村、肃南榆木庄村和漳县九居谷的特色地质遗迹资源都是丹霞地貌，渭源县的元古堆村则是以特色土壤作为地质遗迹资源。从地质遗迹或景观资源的可观赏性和分布规模来看，榆木庄和九居谷的丹霞地貌均分布范围大、造型奇特宏伟而颇具视觉震撼效果。东乡河沿村的丹

霞景观造型较好（一柱擎天石），但分布范围不大，渭源元古堆村的特色土壤地质文化由于其文化要素较为"含蓄"，还没有广泛的宣传，知名度不高。经过充分的对比研究认为，九居谷的丹霞地质遗迹资源分布范围大，造型奇特，生态环境优美，其整体美感要大于其他几个备选村。

另外，九居谷人无我有的特色人文资源，如被列为省级非物质文化遗产的"舞阳扇鼓"和"漳盐工艺"，四大匠文化和"漳盐文化"中蕴含的地质文化更是增添了九居谷的文化魅力，这些无疑都为九居谷地质文化村的申报成功起到了增砖加瓦的效果。

二、专业资源普查和分类评价优先

地质文化村创建的重要条件之一是必须完成地质遗迹资源普查工作。九居谷能够申报成功的原因之一是在申报之前就委托专业的地质调查队伍，严格按照创建指南，对标对表完成了整个村及周边地区的地质遗迹资源的调查工作，编制了地质遗迹调查报告和地质遗迹资源分布图，按照《旅游资源分类、调查与评价》国家标准，将地质资源和普查到的文化资源、自然资源等按 8 主类、23 亚类和 110 基本类型进行归类整理，完成了村庄资源评价。

三、整村推进打造品牌 IP 知名度和美誉度

在地质文化村的发展过程中，九居谷品牌 IP 的打造先行。围绕这个 IP，无论是基础设施环境营造，还是产品体系及策划都坚持一个品牌形象，形成系统化效应。首先依托村域内已有的基础设施（如交通、水利、电力、通信、垃圾污水处理、文卫教设施等）及乡村建筑等村容村貌，进一步对地质文化资源进行挖掘、保护、利用，促进村落产业发展、农业旅游的提升和优化。九居谷能在众多早于其申报创建的多个拟创建地质文化村中脱颖而出，其中一个最重要的原因是：九居谷在申报创建地质文化村之初已经成功申报并获得"中小学生科普研学基地""甘肃省优秀乡村旅游示范村""中国乡创地图产业扶贫最美乡村奖""中国乡创地图乡村振兴特别新锐奖""农文旅产业融合示范基地""乡村振兴实践基地"等多个称号，并且在民营企业——甘肃博琳国际文化有限公司的建设下，交通、水电、文卫教等基础设施已颇具规模。九居谷基础设施条件的优越程度是甘肃省其他几个拟申报村无法比拟的。

四、乡村建设按照主客共建的理念聚集民间资本和民营企业运营

作为我国的一个地质遗迹资源大省，甘肃省依赖丰富的地质遗迹资源和文化完全可以打造众多的地质文化村。然而限制地质文化村建设发展的一个最关键因素是甘肃省的经济发展相对滞后，财政支持力度相对较弱。在我国东部沿海及南方经济相对发展较好的省域，地质文化村的发展建设主要依靠地方的财政支持，如浙江白雁坑村和金村两个地质文化村的建设资金全部来源于地方财政。而在甘肃这样一个财政资金相对贫弱的省份，依靠地方财政的前期投资在目前来看是比较困难的。因此，必须鼓励和吸引其他的融资或投资渠道来进行地质文化村的前期建设。九居谷能够申报创建成功的关键就是在前期建设中引入了民营企业。甘肃博琳国际文化有限公司由于拥有较为先进的文旅规划和策划设计理念、专业的设计队伍和专家团队，参与了大量的文旅产业的规划设计，积累了丰富的设计规划和建设经验，从而率先参与到甘肃省首个地质文化村九居谷的创建之中，打破了甘肃创建地质文化村的人才、团队和融资困局，成为在经济欠发达地区成功申报并创建地质文化村的典范。这种吸引民营企业、融合民间资本进行地质文化村投资建设的宝贵经验模式值得具有相同开发建设背景和财政资金难以跟进的地域借鉴、学习。

五、智库团队等多方协作是有力保障

九居谷地质文化村能够生根落地并得到顺利的建设实施离不开专家智库团队的通力协作。2018 年 12 月，兰州文理学院旅游学院院长高亚芳教授带领其团队到漳县为当地农家乐经营户做乡村旅游培训并调研，时任漳县统战部部长的王敏部长向高教授推荐了九居谷。当时，高教授团队被九居谷的典型丹霞地貌景观所震撼，也被村口九户人家的世外仙居般的恬静和悠然所打动，并由此认定该地即是她心目中的桃花源，由此萌生了支持并指导该地发展地质旅游和乡村振兴的想法。通过走访调研，高教授团队还发现九居谷有甘肃省省级非物质文化遗产"舞阳扇鼓"和"漳县工艺"。由此，调研团队一致认为，九居谷是一处具有山奇、村美、文特、境优的旅游资源富集之地，具有成为优秀旅游乡村的潜力，需要保护优先、规划先行和有序开发。在硬件建设方面，要打造"小而美、小而特、小而优"的基础设施，在软环境方面，要保留大山水、大田

园、大文化的原生态风貌。于是，在兰州文理学院高教授团队的指引下，民营企业甘肃博琳国际文化旅游有限公司及时跟进建设，并联合了甘肃省地质矿产勘查开发局第三地质矿产勘查院、甘肃省地质学会、甘肃省地质矿产勘查开发局、甘肃省自然资源厅、甘肃省文化旅游厅等众多单位和智库团队提供技术支撑。甘肃省地质矿产勘查开发局第三地质矿产勘查院专业技术团队完成了九居谷地质遗迹资源的调查评价工作，甘肃省地质学会全程技术指导了九居谷地质文化村的申报工作，甘肃省地质矿产勘查开发局、甘肃省自然资源厅和甘肃省文化旅游厅相关部门都在九居谷的文旅建设策划方面提出了建议和政策支持。可以说，没有社会各界智库团队的通力协作，九居谷地质文化村的申报建设不可能如此顺利。因此，智库团队的多方协作是地质文化村发展建设的有力保障。

六、高辨识度的主题知识产权和品牌设计是策划运营的关键

地质文化村的发展建设之本还是要惠民，主要方式是通过发展乡村旅游带动村民收入的增加和地方经济的发展。但是，地质文化村一般都是以自然村为核心进行创建，前期可能没有什么知名度或者影响力，对外存在感较低。因此，地质文化村要健康持续的发展和实现惠民，关键是要树立文化村特有的创意性文化产品，要让外界游客一听到村名便会在脑海中出现其特有的印象风格，也就是要设计出足以使游客印象深刻的高辨识度的 IP 产品。九居谷在这方面可谓是费尽了心思，并做了很多尝试，最终确定了科普研学游+乡村民俗游+田园休闲游+生态康养游的产品设计概念组合。在具体操作方面，九居谷创意性地设计了如"九居福面（特色美食）""九居农舍（农特产品）""九居秘境（探秘探险）""九居福里（特色民居）"等辨识度极高的、主题形象突出的 IP 产品，这些产品已经成为九居谷对外宣传的名片，并已经占据了一定的市场，有了一定的知名度和美誉度。

七、"党建引领"和"三变"富民举措增强合作共建信心

地质文化村建设的根本目标是惠民，就是要通过发展地质旅游和乡村旅游增加农民的收入。九居谷在该方面取得的一个较为成功的经验就是实行了"党建引领"和"三变"富民的举措。九居谷通过建立乡村旅游专业合作社和农民

专业合作社联合社党支部，增强了党建工作在乡村旅游业发展中的引领作用。同时，九居谷推出的资源变资产、资金变股东和农民变股东的"三变"举措，有力地促进了投资建设企业、当地政府和村民之间利益共同体的深度融合。在"三变"举措下，村庄的一些闲置资源和各类资金都能以投资股份入股九居谷发展建设基金，村民可按相应的股份比例获得分红收益，从而大大刺激了村民参与建设地质文化村的意愿和积极性。九居谷自开发创建以来，共吸纳合作社社员 11 家，发展带动精准扶贫 314 户、1 206 人，吸纳当地劳动力 40 人，有力地推动了九居谷乡村振兴事业的发展。

八、差异化定位是成功的关键

为了避免九居谷地质文化村建设中与其他乡村出现"千村一面"的现象，在申报和建设地质文化村过程中，建设团队调研了国内、省内很多产业名村，并吸取它们的发展经验和失败教训，尤其对于重基建轻运营、重资产轻产业品牌建设、重建房轻推广和内容建设、重固定设施轻活动体系策划、运营和团队建设，缺审美、缺产品和盈利模式的负面清单和反面教材，研究较为深入。经团队协同调研评估，认定差异化定位、个性化发展是九居谷地质文化村可持续发展的基本遵循。所以，就差异化建设，梳理了一个经验体系。

1. 因地制宜，试点示范

每一个村落独特的地貌景观、山水田园风光，以及与其相伴随的民俗文化和地域风情，赋予每个乡村独一无二的"地质+文化"特色。让乡村文化复兴不再仅仅局限于象形描述和传说故事，把地质文化挖掘出来，植入人心，让普通大众了解一山一水、一石一瀑的地质成因，让每个村民成为自己家乡的解说员，使每一方水土有自己的科学成因、科普和文化故事，"一方水土养一方人"便被赋予了活态的、时代的和产业的新价值，一个乡村的独特品牌 IP便被定义。

2. 保留原真，凸显价值

地质文化村的本质和内涵是地质风貌与在地文化的原真性，而不是通过新建、改建使其"改头换面"，甚至成为"千村一面"中的一个。建设地质文化村更是要在挖掘科学价值、提升文化内涵、实现产业化发展等方面下足功夫，要通过彰显地质遗产原生态特色、地质资源文化价值和科学意义，并结合当地历史文化、民俗文化和民间节庆、美食，进行适度的策划、设计、建设，要增加展示空间和科普活动体验产品，使地质文化村既有自然风光又具有人文气息，从而成为"地质+文化"的丰富载体。

3. 需求主导，惠民富民

改善农村人口生活条件、促进农村经济发展、富裕乡民是建设地质文化村的最终目标。为此，地质文化村的科普展示性、旅游吸引力和产业竞争力成为建设要点，以市场需求和科普研学需求为导向的建设，是地质文化村的核心要义。这也是充分调动当地村民的积极性，使地质文化村可持续发展的核心条件。因此，地质文化村建设要紧紧围绕市场和当地村民的共同需求，以增加村民收入、延长农业产业链、提高资源利用率为指引，将青山绿水和优美环境保护好，促进可持续发展。

第二节　存在问题及归因分析

一、地质文化开发的深度和广度还不够

九居谷地质文化村的地质资源禀赋非常优越，除主打的丹霞地貌景观资源外，还有诸如峡谷地貌、典型地层、古生物化石等地质遗迹资源。另外，赋存"漳盐"的新近纪地层及其"漳盐"的形成过程本身就是该地一个极具特色的地质文化，但就目前来看，这些特色地质文化尚未被充分挖掘和科普转化。原因有两个：一是由于专业方向差异，对某些地质遗迹资源的认识深度不够，一些地质文化内涵尚未被充分挖掘出来；二是九居谷地质文化村目前尚处于前期建设阶段，还未对这类地质遗迹的内涵进行深度的二次开发。

二、地质遗迹保护和文化传承理念的培植还不够深入

地质文化村特别强调要保护并传承地质文化。地质文化村的建设能促进脱贫致富进而使乡村振兴。乡村振兴不仅要求经济发展，还要有精神文明的铸造和传承，这就需要通过对历史文化（包括地质文化）进行保护、继承和发扬。一个没有精神文明的乡村不可能有经济的持续发展。九居谷丰富的地质遗迹资源及其赋予的特殊地质文化和传统文化均有较高品位，但这些文化

尚未得到当地村民的重视。地质遗迹及地质文化自不必讲，虽然这些高大上的东西已伴随着祖祖辈辈生活上千年，但可能谁也没有从地质的角度对这些大自然的赐物进行过思考，更没有保护的意识。还有一些传统文化也没有得到重视。例如村内的"舞阳扇鼓"和"漳盐工艺"这些非物质文化遗产，如果没有专家学者的考察和引导，就不会引起当地村民的重视，也谈不上传承。这些问题基本上是大多数地质文化村在建设初期都存在的问题。地质文化的普及和推广目前还远未达到让普通群众自发保护和传承的程度，而仅在专业或行业领域等较小范围内交流。地质文化村的建设也就是要从根本上改变这种局面，使地质从神秘、高不可攀走向人们的生活。传统文化遇到的问题和道理同地质文化的境遇一样，也需要大力弘扬和科普，这样才能使其传承下去。

还有一点需要说明，那就是地质文化村的创建过程也是对地质遗迹资源的开发利用和保护过程，其宗旨就是在开发中保护和保护性开发。很多地质遗迹资源具有很高的科学性和观赏性，但其类型较为单一，或者规模较小，不适合建设地质公园，这就对这些地质遗迹的保护和利用提出了一个新的课题。地质文化村的兴起可以较好地解决这一问题，能够将集中分布在特定的较小空间村落周边的地质遗迹进行很好的保护，同时又能带动当地经济发展，是一种比较理想的模式。地质文化村弥补地质公园建设的缺憾，是地质公园事业的深化和补充。它更接地气，更贴近村民生活，更容易被游客理解、接受和欣赏。

九居谷地质文化村在建设过程中，除做了大量的地质遗迹保护工程之外，还积极宣传地质遗迹保护理念，开展了各种宣讲活动，并在各类研学课程和科普材料中增加了地质文化传承与保护的内容，这样不仅使当地村民成了地质文化的传播者，同时也是地质遗迹和地质文化的保护者。

地质文化村的建设、发展和运营使当地村民、旅游者、旅游开发商等均能受到地学知识的熏陶和教育，也能进一步深入地理解地质环境和地质遗迹的价值，使他们提高保护意识，充分认识到对保护地质生态系统都有不可推卸的责任，必须在实践中探索和认识自然、保护自然，增进健康，陶冶情操，接受环境教育，享受清新、轻松、舒畅的人与自然的和谐气氛，从而达到全社会共同保护、监管地质遗产的目的，实现人类与自然和谐相处的发展目标，促进真正的可持续发展。

三、地质科普力量还不强

从地质科普方面看，九居谷地质文化村还存在科普教育策划人员不足和水平不高的问题。

针对九居谷一线工作人员学历水平普遍偏低、科普教育人员缺乏相应的专业和教育背景这一情况，九居谷地质文化村科普研学基地采取了在逐步引进优秀人才的同时加强对现有工作人员培训的方法。科普人员队伍的培训活动不是一蹴而就的，需要长期用心培养，一般采用短期培训与中长期培训相结合。在短期培训中，九居谷地质文化村地学科普研学基地组织开展关于科普教育理念、专业知识、教育学、心理学及服务技能等方面的培训活动，提升一线工作人员的业务能力。另外，在中长期培训中，基地需要加强工作人员的在职学历教育，让一线工作人员系统地接受相关学科的学习教育，增强工作人员自身开展科普教育活动的综合素质，为创新科普教育活动打下基础。

对于地质文化村科普人员不足、科普教育人员知识结构老化的问题，应当积极申请增加人员编制，壮大科普教育人员队伍。除了编制内人员之外，研学基地也应壮大志愿者队伍。根据研学基地工作的需求，面向全社会招募志愿者。开展志愿者活动除在一定程度上满足基地人员不足的问题之外，还能进一步拉近基地与公众之间的距离，为基地了解公众需求提供了一定的便利。另外，研学基地也可以建立科普教育基地特色俱乐部，基地为俱乐部会员了解相关方面的知识、参与更深层次的教育活动提供便利，同时俱乐部会员也为基地的发展提供建设性的意见与建议。基地还可以与相关教师、高校研究人员及相关协会的科普人员（地质学会各个理事单位）建立长期的联系，联合开展相关主题的科普教育活动。学校老师的加入可以有效弥补基地科普教育人员对学生的学习规律、教育学、心理学不熟悉的缺陷；而高校研究人员的加入则能够弥补科普教育人员专业知识不够广博的缺陷；相关协会科普人员（部分基地的科普人员在此之列）的加入则会弥补经验上的某些不足。

四、共建共享的利益主体发展模式还不成熟

在地质文化村建设和发展过程中涉及的相关利益主体包括自然资源管理部门、文化旅游管理部门、环境保护部门、农业农村部门、地学科研机构、旅

游科研机构、村委会、社区村民、城乡游客等，这些利益主体的角色定位与工作力度直接关系着地质文化村的建设和发展。

九居谷地质文化村在创建申报过程中以博琳国际文化发展有限公司为主，向上联合甘肃省文旅厅、甘肃省自然资源厅、甘肃省地质学会、兰州文理学院旅游学院等众多管理部门和院校，并积极对接地方政府和各社会团体，从政策、资源、宣传、科研等众多方面积极协调和沟通，最终使九居谷地质文化村开花结果，而这一切正是利益主体共建共享的发展模式。但就目前而言，这种共建共享的发展模式还不成熟，尤其是在融投资方面还比较欠缺，目前仅有民营企业的资金注入和文旅科教单位的智力支持，远未达到多方力量和资源汇集的局面。究其原因，可能与地质文化村作为一个新生事物，一些投资方由于对其发展前景不明从而持有的谨慎心态有关。

其实，地质文化村创新了地质环境与遗迹资源保护利用和富民兴村相结合方式，并创新了地学知识展示科普与乡村休闲度假相结合方式，创新了地质文化与乡村农业文化、建筑文化、民俗文化等相结合方式，各方利益主体需定位准确、齐心协力，共同推进地质文化村建设，活化乡村地质文化，助力乡村振兴，推动地方社会精神文明建设，提高公众保护意识，共享地质文化村的发展成果。

第三节　发展前景展望

一、甘肃地质遗迹资源概况

甘肃省地域辽阔，区内复杂的地质构造环境，造就了独特而丰富的地质遗迹，基本涵盖了地质遗迹的主要类型，尤其以地貌景观类地质遗迹最为突出[①]。经甘肃省地质环境监测院调查统计[②]，甘肃省境内共有重要地质遗迹点228处，分属于基础地质、地貌景观和地质灾害3大类，这些地质遗迹又可

[①] 孟易辰，苏建平. 甘肃省旅游地质资源及其分类. 兰州交通大学学报（自然科学版）.2004，23（4）：21-24.

[②] 赵吉昌，黄万堂，李省晔，等. 甘肃省地质遗迹资源特征及地质文化村建设探讨. 干旱区资源与环境，2021（9）：201-208.

进一步分为地质剖面、重要化石产地[①]、重要岩矿石产地、岩土体地貌、水体地貌、冰川地貌、构造地貌、地震遗迹、地质灾害遗迹 9 类和 20 亚类（见表 7-1）。以上这些重要地质遗迹点中基础地质大类 103 处、地貌景观大类110 处、地质灾害大类 15 处，分别占重要地质遗迹点总数的 45.2%、48.2%、6.6%。

地质遗迹具有较高的科学价值和美学价值且不可再生，必须加以严格保护，建立地质公园和地质遗迹保护区是保护地质遗迹最有效的途径。但是由于全省绝大部分地质遗迹资源级别较低，不符合申报地质公园的资格。对于这类地质遗迹资源既不能置之不理，又不能以建立地质遗迹保护区或地质公园进行开发利用，从而成为急需解决的一大难题。而地质文化村的提出，对解决这一问题起到了立竿见影的效果。地质文化村使传统上需要圈闭保护的地质遗迹资源以开放的形式馈赠大众，一方面使地质遗迹资源得以有效保护，另一方面可以使当地村民充分参与，成为地质遗迹资源的保护者，同时还可以使地质遗迹资源与当地特色、地方文化深度融合。通过地质文化村的建设，使高冷的地学知识在普通大众中得以传播，使每个村民都成为地质文化的爱好者和传播者、地质科普的"解说员"，从而形成特色地质文化村品牌效应，带动当地旅游产业及经济发展。

表 7-1　甘肃省重要地质遗迹点及类型划分表[②]

大类	类	亚类	典型地质遗迹分布地	评级
基础地质大类地质遗迹	地质剖面	黄土剖面	靖远曹岘、兰州九州台	国家级
			西峰火巷沟等	省级
		基岩地层剖面	肃南大岔蛇绿岩、西秦岭临潭-岷县三叠纪滑塌混杂堆积、靖远县磁窑大水沟石炭系、兰州下更新统五泉山砾岩	国家级
			永登县下白垩河口群、永登县中新统咸水河组等	省级

① 王军，李小强，张海峰，等. 甘肃省重要古植物化石产地区划及保护利用. 地质论评，2021，67（3）：578-592.

② 赵吉昌，黄万堂，李省晔，等. 甘肃省地质遗迹资源特征及地质文化村建设探讨. 干旱区资源与环境，2021（9）：201-208.

大类	类	亚类	典型地质遗迹分布地	评级
基础地质大类地质遗迹	重要化石产地	古植物化石产地	玉门硅化木、马鬃山植物化石、肃南晚二叠世植物混生化石群	国家级
		古动物化石产地	刘家峡恐龙足印化石及恐龙化石、和政古生物化石群	世界级
			庆阳恐龙化石及古象化石、灵台任家坡动物群肃北公婆泉恐龙化石、马鬃山盐池鱼类爬行类、两栖类	国家级
	重要岩矿石产地	典型矿床	金川镍钴矿床、厂坝铅锌矿床	国家级
			白银露天矿、兰州阿干煤矿、大水金矿等	省级
地貌景观大类地质遗迹	岩土体地貌	岩溶地貌	万象洞、三滩	国家级
		碎屑岩地貌	崆峒山丹霞、张掖丹霞、敦煌雅丹、成县鸡峰山砂岩峰林地貌、景泰黄河石林	世界级
			天水麦积山丹霞、炳灵寺丹霞、兰州大沙沟丹霞、瓜州布隆吉雅丹	国家级
		黄土地貌	陇东黄土塬、陇西黄土墚	国家级
		沙漠地貌	敦煌鸣沙、武威沙漠	国家级
	水体地貌	泉类景观	敦煌月牙泉	世界级
			嘉峪关新城野麻湾翻沙泉、西和仇池山西石勺泉、武山温泉、清水温泉、天水街子温泉、泾川温泉	国家级
		湖泊景观	阿克塞县苏干湖、嘉峪关草湖、文县天池、临潭冶海湖、碌曲尕海湖	国家级
		河流地貌景观	黄河首曲	世界级
		湿地景观	碌曲尕海湿地	国家级
	冰川地貌	古冰川遗迹	迭部扎尕那、积石山石海、天祝马牙山	国家级
		现代冰川遗迹	七一冰川、肃北老虎沟冰川	世界级
	构造地貌	峡谷地貌	官鹅沟、天祝三峡	国家级

续表

大类	类	亚类	典型地质遗迹分布地	评级
地质灾害大类地质遗迹	地震遗迹	地面变形	兰州皋兰山地震滑坡群	国家级
	地质灾害遗迹	泥石流	武都北峪河泥石流	国家级
		滑坡	冶海滑坡	世界级
			永靖黑方台滑坡群	国家级
			舟曲泄流坡滑坡、东乡洒勒山滑坡等	省级
		地质工程景观	武都甘家沟、文县关家沟	国家级

　　甘肃省地质公园的建设起步较早，国家地质公园数量保持在全国中上游水平。截至目前建有国家级地质公园 12 个（见表 7-2），其中敦煌雅丹国家地质公园和张掖国家地质公园已被评为世界级地质公园，临夏地质公园正在创建世界地质公园。同时，甘肃省的省级地质公园也有序开展建设，共建设了 22 个省级地质公园。甘肃省地层系列较为完整，各时代地层均较发育，具有多种类型的沉积建造、复杂的沉积型相和丰富的古生物群化石[①]。从表 7-1 可以看出，甘肃省地质公园地质遗迹类型以地貌景观和古生物遗迹为主，而以水体景观类、环境地质灾害类遗迹为主的国家地质公园则较为缺乏。

表 7-2　甘肃省现有国家地质公园及主要地质遗迹类型

序号	名称	所在地区	地质公园级别	主要地质遗迹及人文景观
1	敦煌雅丹地质公园	酒泉市	世界级（2015 年），国家级（2002 年）正名	雅丹地貌、黑色戈壁滩、千佛洞石窟、月牙泉
2	张掖地质公园	张掖	世界级（2020 年），国家级（2011 年）正名	丹霞地貌、彩色丘陵、丹霞七彩镇、河西民俗文化旅游村
3	刘家峡恐龙地质公园	临夏回族自治州	国家级（2002 年第二批）正名	恐龙化石和足印、刘家峡电站及水库

　　① 王军，任文秀，李通国，等. 青藏高原北缘玉门红柳峡硅化木成因及其揭示的早白垩世构造及环境. 地球科学，2020（11）：4143-4152.

序号	名称	所在地区	地质公园级别	主要地质遗迹及人文景观
4	平凉崆峒山国家地质公园	平凉市	国家级（2004年第三批）正名	丹霞地貌、斑马山、道教发源地、佛教圣地
5	景泰黄河石林国家地质公园	白银市	国家级（2004年第三批）正名	黄河石林、融合峰林、雅丹和丹霞等地貌特征，明长城、五佛寺
6	天水麦积山国家地质公园	天水市	国家级（2009年第五批）正名	北方型丹霞地貌、花岗岩地貌、河曲地貌
7	甘肃和政古生物化石国家地质公园	临夏回族自治州	国家级（2009年第五批）正名	古动物化石、地层剖面、熔岩地貌、水体景观
8	甘肃炳灵丹霞国家地质公园	临夏回族自治州	国家级（2011年第六批）正名	丹霞地貌、炳灵石林、炳灵湖
9	临潭冶力关国家地质公园	甘南藏族自治州	国家级（2014年第七批）资格	黄土沉积剖面、沉积岩相剖面、水平层理、斜层理、断层等
10	甘肃宕昌官鹅沟地质公园	陇南市	国家级（2014年第七批）正名	地质剖面类景观、地质构造类景观、地貌景观和水体景观等
11	甘南州迭部扎尕那地质公园	甘南藏族自治州	国家级（2018年第八批）资格	岩溶地貌、峰林地貌、峡谷地貌和冰川地貌等
12	张掖市甘州区平山湖地质公园	张掖市	国家级（2018年第八批）资格	丹霞地貌

二、地质文化村建设展望

甘肃省地质文化村建设目前处于起步阶段。九居谷地质文化村的成功申报和建设，必将带动全省范围内创建地质文化村的热潮。甘肃省创建地质文化村已经具备了以下几个方面的重要条件。

（一）良好的基础

一是甘肃地质遗迹资源较为丰富，为地质文化村建设提供了资源基础。二是全省范围内已建成的多处世界级、国家级、省级地质公园为地质文化村建设提供了借鉴经验。三是全省已开展了地质旅游资源普查工作，地质文化村建设具有良好的社会氛围。四是全省地质遗迹调查与各级地质公园建设储备了一批地质遗迹调查、评价、保护、规划设计及管理等方面人才和工作团队。因此，甘肃省地质文化村建设前景较好，通过地质文化村建设可进一步推进地质工作转型升级，普及地球科学知识，提高全民文化素质，从而为落实乡村振兴、建设宜居宜业乡村、促进地方经济发展助力。

（二）多元的模式

根据甘肃省地质文化村的地质遗迹资源禀赋、村（镇）建设发展水平，依托特定产业，突出特色，打造专业化功能地质文化村。在具有丰富旅游资源及地质遗迹点的村镇以"地质+生态旅游"的模式，发展以休闲旅游为主题的村镇，如临泽县七彩镇、漳县九居谷村等；在具有生态农业产业及地质遗迹点的村镇以"地质+生态农业"的模式，发展以特色农业为主题的村镇，如玉门市花海镇、山丹县乐镇山羊堡村等；在具有红色文化及教育、研学等场所及地质遗迹点的村镇以"地质+自然教育"的模式，发展以自然教育为主题的村镇，如会宁县会师镇、玉门市老君庙镇等；在具有森林、温泉、地热等特色资源及地质遗迹点的村镇以"地质+生态康养"的模式，发展以生态康养产业为主题的村镇，如清水县白沙乡温泉村等；在具有宝玉石、观赏石、地质勘探特色及地质遗迹点的村镇，综合民族乡土文化等其他资源，以"地质+创新创意"的模式，发展以地质特色产业为主题的村（镇），如肃北县马鬃山镇；在具有多种特色地质资源，形成研学、旅游等多元化综合服务产业及地质遗迹点的村镇以"地质+综合服务"的模式，形成研学、旅游等多元化综合服务产业的村（镇），如景泰县喜泉镇大水村、康县阳坝镇的茶山村等①。

---

① 金文斌,刘海博,辛存林,等. 甘肃临潭冶力关国家地质公园地质遗迹资源及其旅游地学意义. 甘肃地质，2019（1）：91–97.

（三）成功的示范

事情的发展变化离不开良好的示范带动效应。俗话说：火车跑得快，全凭头来带。在甘肃省广泛地创建地质文化村已经具备了良好的示范示例。九居谷地质文化村的成功申报是甘肃省"地质调查+乡村振兴项目策划+企业的运营推动+乡村百姓的参与"多方力量协同作用的结果，具备了较好的带动示范效果。九居谷地质文化村创建成功后，其他一些地质资源较丰富的村镇也纷纷前来考察，借鉴学习其创建经验，积极进行项目培育。实践表明，甘肃地质文化村的创建只要是在地质资源丰富的地区，利用已经成功的模式和经验，同时在各级政府的重视和积极推动下，创建成功概率较高，示范带动效果明显。

（四）广泛的参与

九居谷地质文化村在创建过程中集结了政府、高校、民营企业、社会团体、当地村民等多方面力量的积极参与。实践经验表明，只有在这种强大合力下，地质文化村才能够顺利申报成功，进入创建阶段。甘肃省地质资源丰富，创建基础良好，因此必须利用在创建首村过程中形成和建立的多方联动机制和关系效应，趁着热度，积极培育其他地质文化村创建项目，力争多点开花，形成联创联动的廊道局面，让地质文化村成为甘肃省乡村振兴的重要载体和文化复兴的重要途径。

三、创建地质文化村（镇）对策建议

（一）做好顶层设计，实现地质文化的时代表达和产业化发展

甘肃省地质公园、地质博物馆、温泉旅游、农业地质等地质文化产品的种类和数量已渐渐丰富，产业发展基础已经形成。近年来，特色小镇、民宿等相关业态的发展，给"地质+文旅""地质+民宿""地质+文创"等提供了最佳的发展时机。从省级层面上，要以顶层设计、制度建设、服务管理为主要任务，充分发挥甘肃省古生物化石产地、丹霞地貌、雅丹地貌和矿业开发遗迹等资源优势，组合有关地质（矿山）公园，推出"甘肃地质旅游精品路线"[①]。整合

---

① 李通国，刘明强，任文秀，等 兰州周边红层地貌地质特征及旅游前景展望. 甘肃地质，2020，（Z1）：85-95.

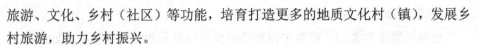

旅游、文化、乡村（社区）等功能，培育打造更多的地质文化村（镇），发展乡村旅游，助力乡村振兴。

今后地质文化产品的形式、功能、定位等将呈现从单点到网络平台，从综合产品到主题产品，从重视科普到科普与人文并重，从被动客体到体验主体的变化趋势。为更好地进行资源对接、产业孵化、人才培养和技术创新，相关单位需要开展省级地质文化创新平台建设和调整产业链结构，吸引更多的人才、技术和资金，形成特色产业链结构和特色旅游模式。将互联网+、创客、众筹、投行等新概念引入到"地质+文创"中来，并发挥其作用。通过对人才、技术、资金、开发、信息等资源的引入，构建研发、生产、应用等全产业链体系，使之成为"地质+文创"的产业孵化器和全省地质文化产业信息咨询与交流集散地，为甘肃省地质文化产业培育、城乡融合发展提供强有力的指导和助推。

（二）做好创意设计，提供丰富活动、多元体验形式

地质文化产业的核心是地质故事，其载体是地质文化产品，其活动形式是以地质文化产品为平台，开展地质科考、旅游、探险、度假、教育等各种公益性活动和商业活动。而地质文化产业就是把这些活动串起来或集成起来的一个综合产业链系统，使得这些活动的内涵和价值更加放大，以及各种要素的流动更加通畅。在讲好地质故事的基础上，引入虚拟技术、三维技术、互联网技术、地理信息技术、动漫技术等，开发出好的地质文化产品，并注重产品运营，植入可持续的产品运营方案，展示、体验和创新地质故事。

（三）坚持规划引领，创新地质旅游产品、优化发展模式

在乡村振兴战略背景下，为发展地学旅游，在创建地质文化村过程中，需要加强乡村规划和建设，注重自然、地质与人文资源的充分开发、利用和保护，发展地质文化旅游，发展乡村休闲农业，挖掘乡村地质景观，升级农产品为旅游产品，不断优化农民的生存、生活环境，并着重从以下几个方面着手进行。

1. 制定科学合理的地质旅游规划

第一，在地质旅游发展的过程中注重保护珍贵的地质遗迹、地貌环境及具有民族、地域特色的建筑物，在这些基础上进行旅游服务设施设备的改造。第二，在地质旅游发展的过程中充分挖掘特有的自然文化资源及乡村文化资源，并将这两种文化巧妙地结合起来，以简单平实的方式让游客在真正意义上体验乡村地质文化的独特魅力。

2. 调查摸清乡村地质景观资源

想要开发地质旅游，就要先调查摸清乡村地质景观资源有哪些。如果说不出境内有多少个峡谷、多少个溶洞、多少个瀑布、多少个湿地等地质旅游资源，那么如何开展地质旅游？因此，全面调查摸清乡村地质景观综合资源家底，进行地质旅游的乡村规划、建设，是地质旅游服务乡村振兴战略的基础。

3. 强化运营管理，建立健全标准规范

地质旅游在乡村的标准化建设是推进地质旅游发展的关键。因此，各个管理部门要加快完善地质旅游服务体系、建设体系和运营体系的标准。建议制定"甘肃省地质文化村（镇）创建标准"，在旅游住宿、餐饮、购物、娱乐等方面制定完善的服务规范和标准，强化对乡村服务的发展管理，规范地质旅游在乡村的经营行为和发展秩序，从而更好地提升乡村旅游服务质量和服务水平。

4. 升级产品服务

在乡村振兴战略背景下，不断丰富地质旅游产品，创造地质旅游新业态，打造各类主题地质旅游目的地和精品线路，大力发展富有乡村特色的民宿和养生养老基地，或依托温泉（地热）、矿泉、森林等特色资源，开发食、药、用、住等特色产品，提供全新的旅游产品或服务。与此同时，开发乡村"名特优""土特优"产品，增加旅游产品的科技含量或艺术性，从而增加旅游产品的附加值。

5. 优化"地质+"旅游模式

为了拓展旅游发展空间，要大力发展地质旅游，而地质文化和乡村文化是地质旅游发展的核心要素，因此当地区位条件、地质遗迹资源、优美生态环境、丰富的文化资源、人文特色和市场需求均是旅游发展的重要抓手。从中挖掘其文化内涵，同时发挥生态优势和突出乡村特点，从开发形式多样、特色鲜明的民宿、民居及民俗活动产品入手，激活乡村的地质、生态、文化等资源优势，破解交通、机制等瓶颈障碍，大力发展乡村地质旅游。

生态农业是利用农业景观资源和农业生产条件，发展观光、休闲、旅游的一种新型农业生产经营形态。生态农业是深度开发农业资源潜力、调整农业结构、改善农业环境、增加农民收入的新途径。我国是农业大国，农村土地广袤、自然风景优美，在乡村振兴战略背景下，可以鼓励多种新型经营主体发展，依托优质土地资源，开发富硒、富锌、绿色有机农副产品等地学旅游产品。利用农村丰富的自然资源与人文资源，建立综合性的生态农业区。

附录 A 九居谷地质文化村创建大事记

- 2019 年 7 月 18 日，九居谷地质文化村参加了定西市文体广电和旅游局召开的"全市文化旅游及影视项目推介座谈会"。
- 2019 年 7 月 19 日，九居谷地质文化村参加了"2019 陇中文体旅博览会暨陇西县全民健身运动会博览会"。
- 2019 年 7 月 23 日，甘肃博琳九居谷农民专业合作社联合社成立大会暨第一届成员代表大会第一次会议召开。
- 2019 年 8 月 2 日，九居谷地质文化村参加漳县政协"就如何搞好全县文化旅游资源宣传推介工作"会议，并就相关问题建言献策。
- 2019 年 9 月 8 日，中央电视台国防军事频道播放了以"地质观园·康养福地，九居谷地质文化村与您乡约乡伴！"为主题的九居谷地质文化村宣传片。
- 2019 年 9 月 10 日，九居谷地质文化村参加四川战旗乡村振兴培训学院举办的"新时代村庄与集体经济转型高级研修班"。
- 2019 年 9 月 22 日，九居谷地质文化村参加陕西袁家村"2019 乡村治理与人居环境提升暨村庄规划高级研修班"。
- 2019 年 10 月 1 日，漳县文体广电和旅游局局长潘双平、漳县三岔镇人民政府党委书记赵志刚在甘肃电视台经济频道《西部视线》栏目为九居谷地质文化村代言宣传。
- 2019 年 10 月 1 日，九居谷地质文化村与甘肃电视台经济频道《西部视线》栏目、漳县盐川小学联动组织"庆祝祖国 70 周年华诞"活动。
- 2019 年 10 月 18 日，九居谷地质文化村，参加由甘肃省文化和旅游厅、甘肃省旅游智库、甘肃省广播电视总台共同打造的《专家带你去旅行》节目。
- 2019 年 10 月 30 日，福建电视台在九居谷地质文化村拍摄东西部协作发展栏目《情系定西》。
- 2019 年 11 月 9 日，九居谷地质文化村参加 2019 年首届亚洲博鳌文创论坛暨文创博览会，上榜 2019 年中国乡创地图 2.0，同时荣获两大奖项："产业扶贫最美乡村奖""乡村振兴特别新锐奖"。
- 2019 年 11 月 10 日，与兰州文理学院乡村旅游发展研究中心签订兰州文理学院甘肃乡村旅游示范基地共建协议，成为省教育厅乡村旅游创新团队示范基地。

● 2019 年 12 月 7 日，参加评选"中国十大地质文化村示范村"，并获通过。

● 2019 年 12 月 29 日，九居谷地质文化村承办了由漳县文体广电和旅游局主办的"秦腔业余选手大赛"。

● 2020 年 1 月 7 日，邀请中国著名艺术家张保和先生为九居谷地质生态文化体验村代言，并录制视频在各网络媒体转播。

● 2020 年 1 月 17 日，九居谷地质文化村的"新年俗、新年味"被中央广播电视总台综合频道《生活圈》栏目选中，在除夕特别节目《美好中国年味地图》播出。

● 2020 年 2 月 1 日，在新冠疫情期间，九居谷地质文化村向三岔镇人民政府捐赠 60 件大衣。

● 2020 年 2 月 21 日，荣获 2019 年度定西市文化旅游推广营销贡献奖。

● 2020 年 4 月 26 日，九居谷宣传片在甘肃广播电视总台移动电视频道《文旅时空》栏目、兰州市 1 200 辆公交车移动视频《文旅时空》栏目同时播出。

● 2020 年 5 月 19 日，九居谷地质文化村荣获"甘肃省优秀乡村旅游示范村"称号。

● 2020 年 5 月 31 日，甘肃省青年实力派书画家组团莅临九居谷地质文化村采风。

● 2020 年 6 月 20 日，漳县文体广电和旅游局、漳县文化馆在九居谷地质文化村开展以"非遗传承、健康生活"为主题的非物质文化遗产宣传活动。

● 2020 年 6 月 26 日，受甘肃旅游智库秘书处和甘肃人民广播电台都市调频台邀请参加《专家带你去旅行》栏目。

● 2020 年 7 月 2 日，九居谷地质文化村受邀参加"到定西过一个只有 20 ℃的夏天"——甘肃省定西市文化旅游招商推介会暨第三届渭水文化旅游节新闻发布会。

● 2020 年 7 月 18 日，"漳县第二届青年集体婚礼"活动在九居谷地质文化村打卡、拍摄。

● 2020 年 7 月 31 日，以"定西市漳县九居谷：丝绸之路上的中国地质文化村"为主题的文章在"海外网""甘肃民营经济网""腾讯新闻""手机网易网""人民资讯网"等网站发布，关注度颇高。

● 2020 年 8 月 13 日，九居谷地质文化村在中央电视台农业农村频道乡约栏目播出。

● 2020 年 8 月 13 日，九居谷地质文化村作为独家赞助单位参加柳家营社区举办的第三季度党建联建会。

● 2020 年 9 月 5 日，九居谷地质文化村在甘肃省兰州市城关区文化产业基金会、甘肃演出行业协会的支持下举办了以"助力脱贫攻坚 促进乡村振兴"为主题的首届乡村农文旅乡创活动。

● 2021 年 2 月 1 日，九居谷地质文化村被甘肃省地质学会授予"中小学生教育实践基地""劳动教育实践基地"。

● 2021 年 4 月 30 日，九居谷地质文化村与兰州文理学院旅游学院签订校企合作战略协议，被授予"乡村旅游与乡风文明双创实践基地"。

● 2021 年 5 月 25 日，九居谷地质文化村被中国地质学会评为国家首批地质文化村。

参 考 文 献

[1] 陈安泽，许涛.地学文化特色小镇建设的意义、理念与行动建议//陈安泽，姜建军.旅游地学与地质公园建设：旅游地学论文集第二十四集.北京： 中国林业出版社，2018.

[2] 赵吉昌，黄万堂，李省晔，等.甘肃省地质遗迹资源特征及地质文化村建设探讨.干旱区资源与环境，2021（9）：201-208.

[3] 孟庆伟，刘凯，曹晓娟，等.浅谈地质文化村建设中的地质要素及文化融合.地质论评，2021（S01）：241-242.

[4] 丁华，丁辉，张悦，等.区域综合地质调查助力乡村振兴的关键内容、战略路径与未来对策.地质论评，2021（2）：467-475.

[5] 王瑞丰，任伟，翟延亮，等.河北兴隆诗上庄地质遗迹特征及地质文化村建设探讨，2020，47（6）：109-118.

[6] 黄一帆.地质文化村旅游资源开发构想：以辉县市潭头、平甸村为例.现代矿业，2020（7）：20-22.

[7] 丁华，张茂省，栗晓楠，等.地质文化村：科学内涵、建设内容与实施路径.地质论评，2020，66（1）：180-188.

[8] 赵洪飞，鲁明，赵小菁.贵州六盘水月照旅游地质文化村地质遗迹景观资源特征及其保护.贵州地质，2018，35（1）：60-64.

[9] 孟易辰，苏建平.甘肃省旅游地质资源及其分类.兰州交通大学学报（自然科学版）.2004，23（4）：21-24.

[10] 彭措，王晶菁，辛存林，等.甘肃窑街中侏罗世蚌壳蕨科植物研究进展及其演化研究.甘肃地质，2018（3）：17-26.

[11] 金文斌，刘海博，辛存林，等.甘肃临潭冶力关国家地质公园地质遗迹资源及其旅游地学意义.甘肃地质，2019（1）：91-97.

[12] 王军，任文秀，脱世博，等.甘肃玉门早白垩世硅化木化石群.甘肃地质，2018（3）：92-93.

[13] 王军，任文秀，李通国，等.青藏高原北缘玉门红柳峡硅化木成因及其揭示的早白垩世构造及环境.地球科学，2020（11）：4143-4152.

168

[14] 李小强，闫少波，脱世博，等. 甘肃迭部地区地质遗迹资源类型与开发利用及保护. 地质论评，2020（6）：1719−1728.

[15] 李通国，刘明强，任文秀，等. 兰州周边红层地貌地质特征及旅游前景展望. 甘肃地质，2020（Z1）：85−95.

[16] 王军，李小强，张海峰，等. 甘肃省重要古植物化石产地区划及保护利用. 地质论评，2021，67（3）：578−592.

[17] 孙新春，李小强，仲新，等. 张掖地质公园彩色丘陵成景机制研究. 兰州：甘肃科学技术出版社，2019.

[18] 谢彦君. 基础旅游学. 4 版. 北京：商务印书馆，2015.

[19] 曹诗图. 哲学视野中的旅游研究. 北京：学苑出版社，2013.

[20] 卢良志，吴耀宇，吴江. 旅游策划学. 2 版. 北京：旅游教育出版社，2013.

[21] 胡林. 旅游心理学. 广州：华南理工大学出版社，2005.

[22] 沈祖祥. 旅游策划：理论、方法与定制化原创样本. 上海：复旦大学出版社，2007.

[23] 陈扬乐. 旅游策划：原理、方法与实践. 武汉：华中科技大学出版社，2009.

[24] 王衍用，曹诗图. 旅游策划理论与务实. 北京：中国林业出版社，2008.

[25] 李庆雷. 旅游策划论. 天津：南开大学出版社，2009.

[26] 欧阳斌. 中国旅游策划导论. 北京：中国旅游出版社，2005.